U0257951

城市译丛

本书受澳门基金会、"北京建筑大学北京未来城市设计高精尖创新中心"资助出版
（未来"城市 - 建筑"设计理论与探索实践研究成果，项目编号 UDC2018010411）

让城市规划真正起作用

方法和技术指南

〔英〕克利夫·黑格　　　帕特里克·韦克利

朱莉·克雷斯平　　　克里斯·亚斯科　/著

吴　尧　林怡君 /译

MAKING PLANNING WORK:

A Guide to Approaches and Skills

Cliff Hague, Patrick Wakely, Julie Crespin, Chris Jasko

社会科学文献出版社

SOCIAL SCIENCES ACADEMIC PRESS (CHINA)

目　录

序　言／1

前　言／1

简称和缩写／1

致　谢／1

第一部分　采取行动

1　为什么城市化的世界需要新的解决方案／3

1.1　城市：国家和地区的发展引擎 …………………………… 3

1.2　贫困的城市化及其影响 ………………………………… 5

1.3　环境的当务之急 ………………………………………… 6

2　通向可持续居住的标志／8

2.1　没有可持续的城市化就没有可持续发展 ……………… 8

2.2　治理、分权化和辅助性原则 …………………………… 9

2.3　为所有人提供适当的住所 ……………………………… 10

2.4　经济机遇与服务 ………………………………………… 11

2.5　环境公平和环境可持续的城市 ………………………… 12

2.6　多样性和公平 …………………………………………… 13

2.7　新时代、新技能、新型专业人士 ⋯⋯⋯⋯⋯⋯⋯⋯⋯ 13

第二部分　实践、过程和技能

3　分析和认知技能 / 19

3.1　了解环境方面的可持续发展情况 ⋯⋯⋯⋯⋯ 20

3.2　了解经济方面的可持续发展情况 ⋯⋯⋯⋯⋯ 24

3.3　了解社会层面的可持续发展情况 ⋯⋯⋯⋯⋯ 28

3.4　了解文化层面的可持续发展情况 ⋯⋯⋯⋯⋯ 32

3.5　总结 ⋯⋯⋯⋯⋯⋯⋯⋯⋯⋯⋯⋯⋯⋯⋯ 34

4　沟通、协商和包容 / 35

4.1　参与、沟通、互动 ⋯⋯⋯⋯⋯⋯⋯⋯⋯⋯ 36

4.2　谈判、调解和解决冲突 ⋯⋯⋯⋯⋯⋯⋯⋯ 39

4.3　建立包容性机制 ⋯⋯⋯⋯⋯⋯⋯⋯⋯⋯⋯ 47

4.4　总结 ⋯⋯⋯⋯⋯⋯⋯⋯⋯⋯⋯⋯⋯⋯⋯ 53

5　具备战略性 / 55

5.1　战略行动是综合行动 ⋯⋯⋯⋯⋯⋯⋯⋯⋯ 56

5.2　战略和目标 ⋯⋯⋯⋯⋯⋯⋯⋯⋯⋯⋯⋯⋯ 62

5.3　领导能力和愿景销售 ⋯⋯⋯⋯⋯⋯⋯⋯⋯ 65

5.4　总结 ⋯⋯⋯⋯⋯⋯⋯⋯⋯⋯⋯⋯⋯⋯⋯ 68

6　管理 / 70

6.1　管理和评估预算 ⋯⋯⋯⋯⋯⋯⋯⋯⋯⋯⋯ 71

6.2　建立和维持伙伴关系 ⋯⋯⋯⋯⋯⋯⋯⋯⋯ 75

6.3　变更管理 ⋯⋯⋯⋯⋯⋯⋯⋯⋯⋯⋯⋯⋯⋯ 78

6.4　制度化和主流 ⋯⋯⋯⋯⋯⋯⋯⋯⋯⋯⋯⋯ 87

6.5　总结 ……………………………………………… 91

7　监测和学习 / 93

7.1　监测和评估 ………………………………………… 93

7.2　向他人学习 ………………………………………… 97

7.3　在实践中学习 ……………………………………… 102

7.4　成为一名反思实践者 ……………………………… 104

7.5　总结 ………………………………………………… 108

第三部分　展望

8　新场所、新规划、新技巧 / 111

8.1　改变的场所、改变的技巧、改变的规划 ………… 112

8.2　下一步计划? ……………………………………… 113

词汇表

词汇表 / 118

参考来源 / 137

序　言

安娜·蒂拜朱卡

联合国副秘书长、人居署执行主任

规划在不断变化的状态下已经持续了一段时间。无论是实体规划还是总体规划，随着几十年的广泛实践，都经历了几次突变，包括宣传规划、参与式规划与预算，以及社区设计。这些突变在某种程度上归功于专业的内部的有机改革，虽然没有个人或团体是领头羊，但规划仍在实现自身的现代化，用多种方式应对可持续城市化面临的挑战。

这始于《人居议程》，并在 1996 年的伊斯坦布尔被全世界各国政府所认可，现在全世界出现了各种用于振兴规划的方法，成果在不断丰富。这些方法大部分拥有一个共同的根基——一种道德伦理上的责任，如参与式的治理和社会的融入，以至减少贫困并推动实现环境公平。

"让城市规划真正起作用"（Making Planning Work）着眼于一些蕴含创新精神的关键技能。这些技能包括利益相关者之间进行有效的沟通，展开竞争或调解利益冲突，并且更重要的是，进行共同的回想和学习。它也抓取了创新精神的许多本质，这使规划工作为我们生活的环境带来许多变化并使其得到持续的改善。

世界城市论坛（The World Urban Forum）在 2004 年于巴塞罗那举行，为进行振兴规划的经验和思想的交流提供了一个重要的世界级平台。接下来，在 2006 年于温哥华举行的世界城市论坛，特地为这一过程的拓展提供了空间。对于规划的未来没有一致的意见，也不应该会有。然而，我真诚地希望这一出版物和持续的辩论会进一步丰富规范、手段、工具和技能，让城市规划在全世界越来越公平、公正，以及在建设可持续的城市与社区方面做出相关贡献。

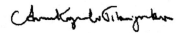

前　言

　　本指南是为 2006 年 6 月在温哥华举行的第三届世界城市论坛和世界规划大会编写而成。本指南的目的是将国际的关注聚焦在城市可持续发展和有利于穷人的规划实践上，这是一个迫切需要达成的全球共识。

　　尽管本指南广泛涉及"规划者"，但它适用于所有参与规划和管理城镇、城市和聚居区的人、政治领导人、专业规划人员、工程师、建筑师、律师、卫生和社区专业及技术人员，以及其他在国家机构、地方政府、非政府组织、以社区为基础的组织和私营咨询公司工作的人。这些人都为实现聚居区可持续发展做出了重要贡献。

　　第一部分解释了为什么要做出大改变。为了做出大改变，我们需要更多的人发挥才能，同样重要的是，特别是在快速城市化和贫困城市化的条件下，我们需要新的技能和看法。

　　第二部分介绍了专业人员和非政府组织建立和传达创新性观点的方式，这通常发生在资源极为稀缺和竞争激烈的情况下，并非所有的例子都是"最佳实践"；成功的创新者就是那些能从错误中吸取教训的人。我们也不建议将所有的做法从一个国家或城市套用到另一个。方法技术的转移要基于当地的判断和对不同文化和价值观的理解。我们只请阅读这本指南的人反思其本来的技能是否可以改进，以及这里探讨的技能是否能够帮助聚居区更具可持续性。

第三部分简要地展望了未来。它是乐观的，但不是乌托邦式的。城市化这个全球性挑战是令人生畏的，但正如第二部分介绍的那样，想象力和技能都可以发挥影响力。本指南是一个开始，我们希望它是一个催化剂。本指南并未试图面面俱到，许多读者会有自己的规划工作经验，我们希望能够与其分享。

本指南是针对一个网站——http：//www. communityplanning. net 的介绍。该网站邀请每个人做出反馈，并将回应作为材料添加到指南中。该网站定期更新，可能会成为持续发展技能、创意和终身学习的关注点。希望从 2006 年温哥华世界城市论坛到 2008 年南京世界城市论坛，本指南的内容可以被其他网站、新的学习网络和其他人提出的倡议所取代。构建和使用技术来开发新的城市发展和规划方法，并从这些经验中学习，必然是一个充满活力和具有包容性的过程。

简称和缩写

BEN　　　黑人环境网络（英国）

CAP　　　社区行动计划

CBO　　　基于社区的组织

CCODE　　社区组织与发展中心（马拉维）

CDC　　　社区发展协会

CIS　　　独立国家联合体

CLIFF　　社区领导的基础设施融资机制

CODI　　　社区组织发展协会（泰国）

CSO　　　民间社会组织

DCC　　　达卡城市协会（孟加拉国）

DFID　　　国际发展部（英国）

DSK　　　Dushtha Shasthya Kendra 药物健康中心（孟加拉国）

DWASA　　达卡水供应及处理局（孟加拉国）

ESPON　　欧洲空间规划观测网络

GIS　　　地理信息系统

GPS　　　全球定位系统

HIPC　　　重债穷国计划

HRD　　　人力资源发展

ICIWF　　独立女性论坛（俄罗斯）

IDB　　　美洲开发银行

IDP　　　综合发展计划

IMF	国际货币基金组织
IWMI	国际水资源管理研究所（加纳）
LASDAP	地方当局服务提供行动计划（肯尼亚）
MDG	联合国千年发展目标
MHPF	马拉维无家可归者联合会
NDB	乡镇发展委员会（南非）
NGDO	非政府发展组织
NGO	非政府组织
NSDF	全国贫民窟居民联合会（印度）
P3DM	参与式三维建模
PAFID	菲律宾跨文化发展协会
PRSP	减贫战略文件
RCIS	重建社区基础设施和住房（斯里兰卡）
RPP	罗姆人参与计划（保加利亚）
RTPI	皇家城市规划研究所（英国）
SDI	贫民窟居民国际
Sida	瑞典国际开发合作署
SPARC	区域资源中心促进会（印度）
UCDO	城市社区发展办公室（泰国）
UNDP	联合国开发计划署

致　谢

本指南依托英国国际发展部和皇家城市规划研究所的拨款完成。

咨询委员会在整个准备过程中提供了支持和指导，我们感谢它的成员：英国副首相办公室城市政策支持团队负责人基思·索普、皇家城市规划研究所政策与实践部主任凯文·麦克唐纳、国际发展部联合国和英联邦部门的迈克尔·帕克斯、可持续社区学院的海伦·沃克。

最重要的是，我们感谢所有提供案例研究材料的人，其名字等在第二部分列出。如果没有他们的宝贵帮助和洞察力，本指南将失去价值。

此外，我们还要感谢所有大方提供信息和建议的人，特别是：阿德里安娜·艾伦、汤姆·卡特、胡里奥·达维拉、朱迪思·埃弗斯利、豪尔赫·菲奥里、帕斯卡尔·霍夫曼、保罗·詹金斯、埃莱尼·基鲁、卡伦·利维、迈克尔·马丁利、迈克尔·默里、帕特里斯·诺斯、迈克尔·萨菲尔、霍尔迪·桑切斯、哈里·史密斯及罗宾·汤普森。

克利夫·黑格 （Cliff Hague）

帕特里克·韦克利 （Patrick Wakely）

朱莉·克雷斯平 （Julie Crespin）

克里斯·亚斯科 （Chris Jasko）

第一部分
采取行动

◈ 第一部分　采取行动 ◈

　　城镇的居住人口有史以来第一次多于农村的居住人口。这为人类的进步提供了巨大的机遇，但也带来了问题和祸患。及时采取适当的行动，可以减少地区性甚至国际性问题。这本指南虽小但很实用。

2 　　本书第一部分解释了为什么城市化是当今世界一个具有全球性意义的问题。首先，概述了城镇和城市管理者、规划者、开发商和居民目前面临的问题，这些问题将主导下一代城市议程。这些问题的严重程度和紧迫性是让人担忧的。其次，指出如何向更可持续的聚居区迈进。

1

为什么城市化的世界需要新的解决方案

1.1 城市：国家和地区的发展引擎

人居环境的扩张是 21 世纪的一个关键动态过程。世界人口持续增长。建筑覆盖区扩大到前所未有的规模。问题是如何提高城市居民的生活质量，以及如何让人居环境建设走更可持续的道路。

城市人口的增长有两种方式：一是，现有人口的自然增长——出生率高于死亡率；二是，为寻找发展机会，农村和小城镇人口迁入大城镇和大城市。可以预见的是，未来每天将有 20 万人迁进世界各地的大城镇和大城市。

第二种方式的人口增长有显著的地区差异。在欧洲、北美和南美，绝大多数人（比例大约为 75%）已经是城市居民。在美国，城市人口仍在

全球范围内城镇和城市每年增长 6500 万人。1950 年，在只有 65 个城市的情况下，7 亿人住在城市地区（占世界总人口的 28%）。2000 年，世界有 28 亿城市人口（占世界总人口的 47%）、300 个"百万人口城市"。到 2015 年也许会有 360 个"百万人口城市"，其中 150 个在亚洲。

继续增长，但在欧洲，其维持静态平衡。

虽然非洲和亚洲目前仍有60%的人生活在非城市地区，但也在发生巨大的变化。非洲城市人口以每年近4.5%的速度增长，而亚洲城市人口以每年3.5%的速度增长。

城镇人口的集中带来了巨大的利益和更多的机遇。城市地区是贸易、商业和工业的中心，是国家和区域经济发展的基础。所有制造业活动几乎都发生在城市地区。城市劳动力市场的规模和多样性使正式和非正式的企业部门获得并管理所需的人力和市场。国家和地区收入的增加取决于城市经济的增长。农业和其他第一产业（渔业、林业）以及矿业依靠城市地区提供给它们的市场和商品规模、相关服务（通信、技术、金融、银行业务、保险）以及与全球经济的联系发展。

城镇和城市是社会发展和文化变革的中心，其影响远远超出它们的预期。它们是国家和地区服务的中心，如教育中心、卫生中心、安全中心。它们拥有先进的知识、技术，政治进步，文艺表达方式多样。城市地区不仅提供正规的教育机会，还一直是社会文化交流和新思想产生的场所。创新（在21世纪至关重要）在各个层面都是共享空间和在人与机构之间建立网络的产物。人、商品与思想的流动，全球城镇与城市关系网的建立是经济持续增长和机遇不断增加的动力。

然而，目前城市发展的方式并不能保障城市居民的生活质量，更不用说有所提高。开放、价格低廉且位置合理的土地并不能满足新的住房和企业经营的需求。城市基础设施、服务的增加速度跟不上城市人口的增长速度。交通拥堵给环境带来前所未有的损害、贫富差距不断扩大。此外，脆弱性和风险性显示出的问题无论在短期内还是从长期来看都十分严重。

这些问题阻碍了城镇和城市的发展，降低了城镇和城市的运作效率，同时也限制了它们获得充当国家和地区发展引擎的机会。大型聚居区要是不能配套具有相应能力的、高质量且健全的劳动力，完善的基础设施，便捷有效的社区服务，就将错过国内外企业对其投资的机会，本地企业也无法有效或高效运转。如果其不能保证社会和谐与文化自由输出，那么阶级、种族会分裂、爆发冲突，并且这会蔓延到更偏远的地区，同时也会影响对就业、收入和公共税收有利的投资。如果能够实现规划，那么规划就起到了关键作用。

一个世纪以前，拥有专业技能的城市规划师、建筑师、土木工程师、测量师和公共卫生人员为发达国家的城市发展和工业化问题提供了可行的解决方案。在发展中国家，由于与发达国家的经济和社会状况不同，专业技术人员往往不够，这往往导致"规划"僵化，"规划"成为公共部门的行为，而非大部分公众参与的行为。现在，在发达国家，为了满足工业城镇的重建需求，以及面对 21 世纪议程和新治理模式所催生的社区参与，规划的运作环境已发生巨大变化。现在我们需要一套新的现代技术规范让发达国家和发展中国家的聚居区可持续。

1.2 贫困的城市化及其影响

随着越来越多的人生活在城市地区，贫困地区的范围发生了变化。在 20 世纪，尤其是在贫困地区，农村基本成了贫困的代名词，其发展政策受到相应影响。此后，世界上大多数贫困人口成为城市居民，出现了贫困的城市化，其具有两个方面的影响。

第一，实现"消灭极端贫穷和饥饿"（联合国千年发展计划八项目标之一）前所未有地依赖对城市的管理。城市的经济表现日益决定国家的经济表现。大规模的物质基础设施和人力资源并存是城市的经济表现的本质特征——无论是正规的还是非正规的——严重地影响国家的福祉，因此，城市发展政策和有效的城市规划可以使人们摆脱贫困。

第二，需要城市发展的公平性来应对贫困。虽然城市总体的经济增长是减贫的必要条件，但不是一个充分条件。我们现在看到越来越严重的贫富差距。在发达国家中，许多富裕的城市、郊区和区域正在兴起的"沙漏型"劳动市场使工作出现了"好工作""坏工作"之分，而处于两者中间的机会变少了。在发达国家中，工资不平等现象也很常见，即便是像瑞典这样有着强烈平等思想传统的发达国家。

4

居住环境恶劣、住房质量差、基本服务和就业机会缺乏、社会隔离以及社会排斥造成的重大失衡，"延续"了贫困，"侵害"了安全，"腐蚀"了城市经济运转的结构（它们有集中大量多样人力资源的能力）。除非有积极的规划策略，否则无论是发达国家的贫困社区还是发展中国家的贫困社区，都不能享受城市经济发展带来的好处。

世界银行倡导的减贫战略文件（PRSP）目前已被广泛接受，是国家扶贫工作的指导性政策，由于未能认识到城乡贫困根本的差异和不同方面需要不同的应对战略、方法，许多减贫文件存在严重缺陷，例如，贫民（区）和非正规聚居区已成为快速城市化和不适当土地政策与管理条件下的最终城市居住形态。在非洲60% 以上的城市人口生活在贫困地区，而 3/4 以上的非洲城市总人口增长产生在贫困地区。发展中国家的中央和地方政府至今还在努力寻找让非法和公共设施不足的聚居区合法化与完善的办法。然而，充足的住房和永久产权对降低城市地区的贫困水平至关重要。

1.3 环境的当务之急

人口和经济活动的集中使环境急剧变化。未来 15 年，10 亿城市居民将对全球环境产生巨大影响。城镇化和城市化进程对区域和最终的全球环境都有重大影响。大量破坏臭氧层的温室气体来自城市。城市对水、食物和燃料的无止境的需求导致了城市地区乃至世界其他地区的自然景观发生长期变化。砍伐森林的主要原因在于城市对木材及其副产品的消费需求。

在城市扩张的过程中，土地正从农田和森林用地转变为城市用地。如何应对这一发展过程，决定了土地及生态环境"失去"   5
生态意义的程度、土地利用变化对环境的影响情况。在下一阶段的城市化进程中，将出现前所未有的城市化水平，因此，城市目前的发展进程和现有城市区域内的土地被再利用就变得更加重要，而不是不再重要。这是一种明智、高效和敏感的方式。

就像世界银行倡导的减贫战略文件需要从空间维度解决贫困一样，环境可持续性的战略也是如此。新的规划和发展管理方法是一种环境的当务之急，即便它们自身是不够的，它们也是这个等式的一个重要部分。

当代城市化所带来的挑战必然成为国际关注的一个原因，否则我们将无法克服它们。对于很多专业人士和利益相关者来说，城市化要求的策略和技能都是革故鼎新的。利用这些策略和技能，规划和管理城市可以变得更加有效和更具可持续性。

联合国估计，2050年，全球变暖会造成1.5亿难民。2001年，受灾的1.7亿人中的97%的受灾原因和气候变化有关。

通向可持续居住的标志

2.1　没有可持续的城市化就没有可持续发展

自 1992 年联合国环境与发展会议以来，对可持续发展需求的日益增加被国际社会广泛承认，但是，人们对城市发展和规划过程的重要性知之甚少。1987 年以布伦特兰夫人为首的世界环境与发展委员会（WCED）发表了报告——《我们共同的未来》。这份报告正式使用了可持续发展概念："可持续发展是既能满足当代人的需要，又不对后代人满足需要的能力构成危害的发展。"

大多引用《我们共同的未来》中可持续发展概念的文献就停滞在这一观点上。但是，这一报告还涉及两个重要内容：其一是需求，特别是世界贫困人口的需求；其二是面对环境承载力，技术条件和社会组织所带来的节制观念。

对可持续发展的讨论使人们倾向于关注环境问题，发展倡议致力于削弱甚至消除影响社会政治可持续发展的情况，以及降低对经济可持续发展的影响程度。许多开发计划和开发项目因社会不公平或政治导向不正确而失败，这在很大程度上是由咨询不足而导致，其中，有效的参与更是十分有限；另外，对于受益对象来说，这些计划和项目在经济发展中贡献不大，或者维系起来花费较多。这样看来，设计一种"平衡记分卡"非常必要。

为了实现发展，应有多种可持续形式，弱势群体的需求应该优先被考虑并应减少富人的过度消费行为。为了提高人民的参与感和归属感，将人民纳入发展进程至关重要。这同样适用于发达国家和发展中国家，其准则是：除非我们能够获得城市基本权利，即合适的住房、满意的工作、较高的安全度、接受教育的机会和良好的环境条件，否则城市的经济引擎将面临风险。

总之，没有可持续的城市化就没有可持续的发展，无法满足弱势群体的需求就没有可持续的城市化，这是城市规划和管理的核心。除非弱势群体能够直接参与规划和管理，否则弱势群体问题无法成为城市规划和管理的核心问题。

2.2　治理、分权化和辅助性原则

仅靠政府是无法"定位"城市面临的各种挑战的规模和性质的，也无法有效利用城镇和城市中被抑制的潜能：贫困和"发声者"的缺失抑制了它的潜能。城市的发展和规划需要各方的参与（包括公众和民间组织的参与），在各个层级（国家、区域和地方）的决策上也需要广泛的参与。这就要求对辅助性原则有新的理解——要能够识别最高效的上级机构。这还要求我们寻求参与管理的新方式。

为了提高效率，决策的结果应该尽可能接近受决策影响的公民的想法做出决策，并正确处理各类决策，这就是辅助性原则的概念。可是，权力的转移仍有很大的阻力：很多决策者视其为权力丧失，而没有认识到权力对外委托的好处。在很多国家，中央政府被认为是权力最为集中的阶层，实际上，地方政府才是城市发展最重要的决策者，社区这一层级决定了行动的有效性。

一种普遍的误解是，权力转移意味着每个决策需要在地方阶层做出。过低阶层做出决策与过高阶层做出决策同样低效。一些

7

决策需要在国际层面做出，如生态系统不为国家边界所定义。为有效运行，很多基础设施网络需要在地区和国家范围建立。城乡运动需要在城市范围内处理相关问题。对于涉及基础设施网络扩大和管理的决策，只有市政阶层能够有效做出。当涉及社区的服务管理，如处理特定社区问题时，只有考虑到家庭和个人，才能做出有效决策。

赋予地方政府、民间社会组织与社区决策权和实施权对于良好管理模式的建立和完善至关重要。领导技巧、冲突解决、协商以及有效协调、合作、整合是进行参与式管理的关键。

2.3　为所有人提供适当的住所

即使在富裕的国家，人们也理所当然地认为有些贫困人口没有住所。安全和设施完备而又负担得起的住房是经济与社会可持续发展的基础。

尽管少数富裕国家面临日益恶化的环境，甚至在一些不那么富有的社会主义国家，通过发放建设费用、用于管理和维护的补贴能够保证几乎所有的城市居民有适当的住房，但是，大部分政府都没有资源或政治意愿去实施这些政策，因此，尽管关于"住房权利"的言论颇多，但住房仍被视为家庭层面负担的消费品。由于对区位合适、服务完善地段的住房需求大大超过供给，城市中大多数贫困家庭没钱加入正规的楼市而被迫通过非正规甚至是非法的渠道定居。这就造成了典型的住房问题：住房权无保障；基础设施与服务不足；住房过度拥挤、简陋危险、易受灾害侵袭。不过，对于这种条件的住房，他们可以负担得起。

在很多国家，传统的空间规划方式在很大程度上忽视了逐渐增加的非正规用地、住房的分配方式，且认为政府会为贫困人口提供住房。城市规划为这些不太涉及市场或贫困人口需求的住房做出有序的布局。

在发展中国家，一些相对发达的城市认识到，无论在技术上还是在资金上，公共资源都具有有限性，在低收入者的住房问题上，贯彻"扶持方法"这个基本原则。这确保政府能够提供具有合法的地契、完善的基础设施的住房，且在位置选择和服务提供方面，住户能负担得起。这个过程应确保有足够的土地被用于规划和建设这种住房。

为满足住房需求，一个措施是改善现有的储备住房条件，以确保它们具有防护性、安全性和舒适性。公共机构通过担保地契和物产契，为长期居住在贫民区的人提供可负担的服务，这样可以鼓励住户投资住房和居住环境，使贫民区升级。

这意味着一系列对规划的新理解、新态度和新技能。

2.4 经济机遇与服务

今天，互联互通和创新对经济发展至关重要。网络——无论涉及基础设施还是知识，正规的还是非正规的——可以激发创新，提供机遇。

正规网络需要规划，有时呈现在洲际范围内。非洲发展的障碍之一是非洲大陆内部缺乏联系。社会可接受的大多数非正式部门的经济网络往往是地方层面的，而且并不仅限于非正规的交易。发展中国家的许多城市的一个重要特征是正式部门和非正式部门之间存在密切联系。

非正式部门是经济中未注册和不受政府管制的部分，尽管政府通常有自己的一套规则和手段来制约它们，但它们不是孤立的，而是整个城市经济的重要组成部分，尤其是在贫困国家，其实在富裕城市的贫困地区，这种现象也很普遍。对于那些寻求可持续居住环境的人来说，从以上简短的概括中可以得出两个重要结论。第一，城市经济必须是城市规划的核心问题。市政当局通常会被束缚在一些小问题上，这些问题让个人和私营部门（例如，啤酒厅或面包店）去处理反而会更好。市政当局应该管理未被个人或公司关注或其不能解决的经济战略问题（例如，小型和中型企业的土地供应、高效的基础设施项目建设等）。第二，非正式部门和城市总体规划的需求应在不破坏它的情况下予以满足。试图使非正式部门合法化和规范化的做法几乎无一例外地失败了，因为这样显然消除了其在市场上的相对优势。只有对此有正确的理解和相应的应对方法，才有可能以不破坏其市场的方式，维持和管理这种经济活动，这样有助于将它们与正式部门和主流城市联系起来。

为了使居住环境可持续，规划者和其他官员需要了解商业的发展情况，并了解贫困人口维持生计的手段。世界上所有地区的贫困人口和贫困社区都有复杂而脆弱的生存手段和存在方式，它们容易被"搅乱"，除了最具敏感性的干预措施之外。

治理部门要维护其他部门对改善城市贫困人口状况所做的努力，而不是破坏这种努力。挖掘当地社会网络和非正式机构的潜力对于那些在政府机构工作的人或参与提供城市服务的私营公司来说是一项重要技能。

2.5 环境公平和环境可持续的城市

如果可持续发展社区是公平的，环境是敏感的，那么必须公正地评估环境对聚居区的影响，并同时采取补救措施。环境不公平可能会加剧贫困。不只是富国和穷国之间的生活环境存在差距，所有城市的富裕地区和贫困地区之间也会存在差距。贫困家庭往往缺乏安全饮用水，因此，女性通常会花时间打水，她们学习以及就业的机会有限，家庭仍然很贫穷。拥有汽车的高收入人群对环境的负面影响可能比使用燃煤或污染水的贫民区居民更大，因此如果可持续发展有压倒一切的优先需求，则应考虑到贫困人口的需要，且环境政策和行动不应该歧视贫困人口，并应切实肯定、支持贫困人口。政策制定者需要技术来建立联系，并寻求创造性的解决方案，从而使朝着减少贫困的方向迈出一步。

2.6 多样性和公平

世界各地的城市都是世界性的。它们的特征源于种族起源的多样性。尽管谈论"贫困人口"来强调贫困在可持续发展中的重要性比较合适，但贫困有多样性，"贫困人口"之间可能存在重大差异和利益冲突。需要清楚的是差异性：男女能力的差异、不同性别需求之间的差异、不同年龄人口需求的差异、年轻人和老年人的能力差异，以及不同民族文化需求和表达方式的差异。尤其是低收入社区需要承认城市的国际性，城市有许多来自不同地区和信仰不同宗教的新移民，他们是所有社会实现可持续发展的核心。

多样性提出了一个挑战——"一种尺度并不适合所有人"，对多样性的承认是实现包容性发展的重要一步，其强调在提供平等机会方面需要创造力和特殊技能。

2.7 新时代、新技能、新型专业人士

不同国家有不同的规划传统，其甚至涉及不同的文化，规划主要是一项国家行动，因此需要被正式的政治制度和机构批准。虽然传统的差异可能会持续地存在，但非常清楚的是，在许多国家，有关城市规划的法律、机构和技术起源于欧洲 19 世纪的思想并且其在 20 世纪得到发展，但这无法满足 21 世纪的实际需要。快速城市化对城市贫困人口在某种程度上予以重视，为了满足其可持续发展的需求，现代化的规划具有必要性，然而现代化的规划形式仍会涉及不同的文化和优先权。

规划作为一项专业工作在国家之间存在差异。这反映在不同术语（"实体规划师""城镇规划师""城市规划师"）上，以及

10

对专业人士的入职要求上，它通常是国家注册制度体系的一部分。20世纪，对劳动者的专业分工方式模仿了工厂在对生产流水线上不同部门的人承担任务的分解方式。它是保护特权劳动力市场地位的一种排他性工具。它是确保劳动力市场优势地位的排除性手段。面对如今的城市状况，尤其是在贫困国家，这种模式已经过时了。专业的界限需要渗透（表现在专业之间与在专业人士和非专业人士之间）。机会的流动代替了暗箱操作。规划让可持续居住环境具有多样性，在这一过程中，许多技能是通用的，而不是城镇规划师或其他专业人员独有的。

如果我们超越了传统的专业界限和国家机构的界限，如超越了原来那种试图对土地使用进行细致管理和利用，但备受质疑的由上至下的总体规划模式，我们就可以找到规划和管理城市的新方法，并将可持续发展和减贫作为核心。我们把在认识到活动者具有多样性和对国家机构的权力予以限制后，与私营部门和公民社会进行接触的方法称为"规划"，"规划"不是专业规划人员的独特工作，其源于"城镇规划"（Town Planning）创始人的综合愿景，"城镇规划"由帕特里克·格迪斯（Patrick Geddes）概括为"民族、工作、地点"，这最好地表达了"规划"如今的使命，让我们由此认识到其扮演着多种多样的角色。

"规划"可能不是我们从前认知的规划！虽然旧的技术知识在相关行业仍然很重要，但僵化的惯例和关系需要彻底改革。一些技能可能不是新事物，例如创新性、质疑假设，以及掌握全局的技能，还有诸如沟通和谈判这样的管理技能。与过去的不同之处在于，这些技能现在是必不可少的。

它们都是"软实力"，这并不是巧合，它们是以人为本的技能。在相当大程度上，我们已经掌握了改善贫民区居住环境的技术知识，如建造买得起的、节能的房子，提供安全饮用水，进行垃圾清理，联系邻里或创建新的聚居区以及建立更加可持续的社区。其实，需要克服的障碍是有限的资源、官僚主义和政治意愿的缺乏。

第二部分

实践、过程和技能

第二部分 实践、过程和技能

第一部分阐释了城市化挑战的全球性和城市规划的重要性。随着对这些挑战的了解，减少贫困、可持续发展和良好治理这些主题成为非政府组织、公民社会和多边机构的核心关注点和共同立场。这就是新理解、新方法、新技能正在全世界发展和采用的原因。辅助性原则和分权化是进行良好治理必不可少的，但是要求跨个人技能、连接不同范围和机构的能力、技术专家隐藏于核心部门的能力，在过去，这被认为是不必要的。这些技能可以被学习，并且未来会有更多的需求。

21世纪，规划和管理技能体现在观察、思考、学习、行动方面。它们经常涉及"通用"技能，它们可以在聚居区的可持续发展规划者、政客、学者、社区领导者以及城市居民之间分享、转移及学习。

第二部分展示了这些方法的应用不仅是需要实行或可以实行的，而且在全世界很多不同的环境中正在实行。所有领域、所有层级都用到由规划的进步所带来的新技能。正如接下来给出的案例，它们对发展过程中可持续性、管理，以及社会公正度产生积极影响。

第二部分强调技能而不阐释技术。换句话说，目的是探索能巩固新规划类型和管理实践的方法、态度，而不是设定一种规范的按部就班的方法，来告诉大家需要做什么。

方法背后的逻辑部分基于原则，在一定程度上，也是权宜之计。技术在国际转移，因其复杂性和规范性会导致失败。当原则具有建议性和知识性的时候，其就具有积极的效力，像镜子一样能够批判性地反映城市里发生的事情。因此，第二部分的目的是分享经验，提升人们的期望水平，并引导人们不要试图去定义无法顾及不同文化和经济的标准化模板。权宜之计是指在对不同的经验和实践进行评估的时候，明白规则不是一成不变的。它是基于印象的，是为了"激发"更为充分和富足的经验交换过程。

第 3 章聚焦分析和认知技能——获取对可持续发展愿景、规划和行动进行理解的信息。第 4 章强调沟通、协商和包容，它们是与扶贫相关的规划技能。第 5 章强调实施战略的技能，因为战略愿景能有力地改变目前很多聚居区不可持续的环境。第 6 章主要关注管理技能，它是规划和有效使用稀缺资源的核心。第 7 章囊括了监管和学习方面的技能，对提升聚居地的可持续性十分有用。

每个章节有各自的重点，以一定的顺序给出了不同的案例和经验来帮助读者理解。但是在现实生活中，时间不会像这样整齐地打包，而是一步一步走，行动都融合在一起，规划看起来像设置复杂的环而不是简单的直线，因此，相同的题材所展示的技巧比章节排列的顺序更重要。把握这些共性是必要的，但这也是主观的。在开始讨论之前，卡伦·利维（Caren Levy）[1] 提出建议关注以下核心主题。

□**专心致志**，只要能达到目标，就允许组织中的个体安排和利用其"能量"来集中注意力、防止分心和集中精力。

□**判断关键关系**，使规划师认识到机遇和约束的所在，以及它们如何与权利相关。

□**加强组织建设**，包括能力建设和联盟强化，可以说服那些拥有政治权力的人放弃他们的一些利益，并抓住获取其

---

[1] Levy, C. (2005) unpublished notes, DPU, London, with references to Liedtka, J. M. (1998) '*Strategic thinking: Can it be taught?*', in Long Range Planning, 3 (1), pp120 - 129.

他消息的机会。

□**领导能力**，它的有效性取决于对话和倡导，从而引出能表达更深层利益的答案，从不同来源获取信息，识别利益和谈判立场。

□**"时间思维"**和**"空间思维"**，或者考虑何时何地可以采取行动，以及在什么限制下采取行动以提高战略水平。

□**采用一种学习的视角**，参与到规划的过程中来，以提高个人和组织的能力。参与者不应该兼为学习者和认识者，对于规划师来说，规划意味着持续的测试、监察、学习和分享所获得的经验。

□**创新和创意**，不是奢侈品而是必需品。困境不能由旧惯例来翻转，冒险和信赖他人不见得比墨守成规更危险。

□**对于项目的良好管理**，如对人员、财务、时间的良好管理是有效提供专业服务的基本平台。这些技能在整个职业生涯中都十分重要，这不仅仅是高级职员或管理者的事情。

□**开创先例**，是所有上述想法和创新的核心，其证明了新的做事方式的有效性。

3

分析和认知技能

城市的变化是快速的，并且在本质上表现为越来越不连续，超越了传统方法的理解范畴。政府雇用的专业人员可以提出理想的土地使用安排方案，以确保"有序发展"，许多规划思想和相关技能都在这时形成，而促进"有序发展"这一任务也可以由其他政府机构承担。这种模式在世界上很多地区变得不再可行。然而，在许多贫困国家，这是一个危险、不切实际的行动的基础。 16

城市发展的动力非常复杂，它的动因和组成在每个地方都是独一无二的，永远不会有足够的资源来收集所有信息，即使收集到信息，也可能会有相互矛盾的解释。"全面"调查是对理性主义的迷信，一旦资金耗尽或跟不上外界的变化，它们就注定要被搁置。

我们面临的挑战是如何坚持"事物互相影响"的观点，即城市发展是经济、社会、环境和文化因素相互作用的结果，而非"仅仅"是涉及物质层面内容的问题，同时应避免肤浅的理解和信息不足造成的僵局。本章探讨了应对这一挑战的方法。

分析和认知技能很重要，但它们本身是不够的。它们必须辅以协作和沟通、明确的战略，以及良好的领导和管理技能（这些内容都将在后续章节中讨论）。

3.1 了解环境方面的可持续发展情况

目前的城市化对本地和全球环境、生态系统构成重大威胁。虽然发展中国家的城市人口增长率较高，但对环境的破坏行为主要发生在发达国家。世界人口中有 15% 生活在高收入国家，其消费量占世界总消费量的 56%，而较贫穷的 40% 人口的消费量仅占世界总消费量的 11%，因此，发达国家和较贫困国家都需要提高了解土地利用情况和环境开发方面的技能。

在许多国家，环境保护被广泛地认为是土地利用规划系统的重要目标。但传统的技能和工具，如土地利用情况调查往往是静态的，甚至是机械的。它们与那些最终决定使用土地的人（如开发商或政治家）几乎没有共鸣，因此，问题不仅在于信息本身，还在于信息如何被其他利益相关者共享和理解，以及如何通过提高可信度和接受度而确立一种达成共识的方法，以促进可持续发展。

现在有哪些信息收集和分析技术有助于使规划工作成为促进环境可持续发展的一种力量？第一个案例来自菲律宾，研究展示了 21 世纪的技术，如全球定位系统（GPS）和地理信息系统（GIS）被用于完善自然资源规划和解决土地冲突。

《《《《《 案例研究 1：菲律宾

在民答那峨岛（Mindanao）的土地复垦中使用全球定位系统和参与式三维建模（P3DM）

在菲律宾的民答那峨岛，本地的 Talaanding 人是社区测量员中的一部分，社区测量是一项新的"运动"。这些测量员配备了全球定位系统接收器。他们有一个宏伟的目标，即描绘和改造他

17

们祖祖辈辈的领地。他们的 GPS 记录用于在一个叫作参与式三维建模的创新程序中创建精确的三维地图。由菲律宾跨文化发展协会（PAFID）协调并由欧洲联盟赞助的 P3DM 能够促进土著社区和政府规划者在两个重要领域——土地冲突问题的解决和自然资源的规划方面进行合作和做出决策。

在短短五年多的时间里，PAFID 及其社区合作伙伴"绘制"的领地内容已经超过了100 万公顷。由于技术具有准确性和较高细节度，P3DM 地图现在被政府接受为法律承认祖传土地权利的索赔证明。先前，其中的大部分土地没有经过充分的勘查而被归类为国有土地。规划官员占有了大量土地以用于采矿、伐木和建设军事设施，导致驱逐、暴力对抗，以及对许多当地社区大规模的剥夺和侵占发生。

来源:

Kevin Painting

联系方式:

Kevin Painting
Technical Centre for
Agricultural and Rural
Cooperation (CTA)
Postbus 380
6700 AJ Wageningen
The Netherlands
Tel: +31 (0) 317 467100
Fax: +31 (0) 317 460067
e-mail: painting@cta.int

Giacomo Rambaldi
e-mail: Rambaldi@cta.int or
grambaldi@iapad.org
Website: www.cta.int,
www.iapad.org,
www.ppgis.net

（版权所有：G. Rambaldi/ARCBC 2002）

P3DM 在自然资源规划中也有巨大的价值。淡水、森林、渔业等资源日益减少，压力越来越大，因此可持续发展计划对小部落的生存至关重要。由于 P3DM 的物理三维特征可以立即识别，所有人（包括老人和无法阅读的人）都能够参与对资源的规划。这些模型已被用于解决部落间的资源冲突，特别是水资源冲突，并为政府规划者指出问题所在和提供解决方法。

PAFID 的经验表明，参与式决策与现代技术的智慧结合可以为土地冲突提供解决方案，并有助于自然资源规划。P3DM 方法成功的秘诀在于它能够让地方社区成员和管理当局参与持续的互惠互利的政治对话。

案例研究 1 表明，复杂的现代信息技术可以帮助规划者和其他决策者更好地理解对资源规划的可持续方法的需求。该案例表明，地理信息系统必须有足够的灵活性，以囊括各种各样、难以预料的社区信息（如陈述、公民报告和照片），并且在规划过程中的场景模拟可能与地方政府关注的重点有出入。非政府组织和社区的团体成功运用 GIS 进行分析、利用 GIS 辅助和支持可持续发展的机构。

这个例子还表明现代技术对构建"理解的桥梁"有效。案例研究的关键点在于，信息不仅是技术人员的专利，即使无法阅读的人也可以接触到该领域的重要利益相关者。信息就是力量，而且这种力量是可以共享的，通过这个过程可以解决长期存在的冲突。当然，全球定位接收器很重要，技能涉及使用技术和使用信息从而囊括但不排除其他利益相关者。

18　　集体收集和分享信息有助于人们更好地了解如何以可持续的方式开发土地，而这不一定需要先进技术的支持。案例研究 2 着眼于一种发展和土地利用规划，它被广泛地认为能够促进针对低密度的北美郊区细分的可持续发展。此外，案例研究 2 表明，对自然环境和房地产市场的共同理解能够改变常规，并创造更可持续的结果。

《《《《《《 案例研究 2：美国

如何使低密度郊区更具可持续性、
更具吸引力和营利性

兰德尔·阿伦特（Randall Arendt）是景观保护规划的代表性倡导者。由于他的"双绿"的设计概念既能保持环境品质又卖得好，他的技术得到了北美地区理事会和开发人员的青睐。

他成功的秘诀在于能够创造性地质疑机械式的土地细分程序，该程序已在美国许多郊区推广。通常情况下，家庭和车库都选址于标准化的地块上，不管景观和生态的微妙性，阿伦特能够说服规划者和开发者偏离"千篇一律"布局的单一性，并使用"被拯救"的土地来保护树木、春池（vernal pools）或其他带来视觉回报的各类景观，还能保护野生动物。随着人的年龄增长，以及对于那些拥有大地块的人来说，因多年修剪草坪而筋疲力尽，这也为私人和公共绿地之间的"权衡"提供了一个不断增长的市场。

保存完好的绿地提升了房地产的价格，而且更有想象力的布局也为街道和公用设施节约了成本（并有助于循环用水）。阿伦特说："在大西洋两岸的许多郊区规划中，其主要设计标准是覆盖灰色基础设施的工程标准，我们需要做的是将绿色基础设施纳入章程和法规中，并要求贯彻良好的现场分析原则。"

他主张循序渐进地设计小区："我认为，第一步，应该确定开放空间。如果这些规定还要求将大部分不受限制的土地指定为自然保护区，那么就不会产生劣质或传统的设计。第二步，在确定了保护区之后，选择住房的位置，住房的位置可以最大限度地利用受保护的土地，这些土地涉及邻里广场、公共绿地、运动场、绿道、农田或森林保护区。第三步，通过调整街道，使之连接起来，从而为新的家园提供服务。"

在评判设计之前，他对场地的细节和步行的场地的需求充满热情："只有通过检查会议室内的二维纸质文件才能完全理解属性。"他将现场规划委员会成员（美国相当于计划委员会）带到现场，并帮助他们确定那些最值得设计的功能。

阿伦特的工作表明，对现场情况进行观察、调查并详细研究是非常重要的，它可以带来不同的结果，也可以成为与参与规划和开发过程的其他人分享信息的一种方式。这两个案例研究的背景和技巧基本上没有什么不同，但它们表明核心技能非常重要。它们需要准确、及时地收集和记录相关的环境信息，在某种程度上，对非专业人员和其他利益相关者来说，这是一种协作和可理解的方式。同样，尽管环境问题是这两个案例研究讨论的中心，但无论是对于菲律宾的部落系统还是宾夕法尼亚州的规划委员会和房地产市场来说，其研究的重点都不仅是环境问题，还包括对机构及其文化的理解。

3.2 了解经济方面的可持续发展情况

一些国家有地区规划和实施地区政策的传统，但这往往是为了补贴那些经济表现不佳的地区。总的来说，规划被认为是纯粹的地方性事务。然而，随着知识和创新成为越来越重要的经济驱动因素，我们对过去十年中竞争力和经济增长空间方面的认识发生了重大变化：网络的可达性比地理上的临近更重要；节点和通道具有特殊的优势；交通联系可以创造发展走廊，或者会产生"隧道效应"，将噪声和污染倾倒在那些无法与网络联系的人身上。我们理解空间经济的变化已经使我们对信息、技能、实践乃至规划和区域政策尺度进行反思。

案例研究 3 着眼于欧洲跨境和跨国规划的发展，以及在不同空间尺度之间和空间范围内收集和分析信息的技能。

《《《《《 案例研究 3：欧洲

空间规划和地域凝聚力

随着欧洲联盟成员的增加，它应满足成员可持续发展、增强国际竞争力和凝聚力的需要。1999 年，当时 15 个成员的空间规划部部长就欧洲空间发展远景（European Spatial Development Perspective）达成协议。这不是一份有约束力的文件，欧盟作为一个机构在空间规划方面没有法律能力。相反，它制定了选择政策，敦促成员及其地方政府应用。其中，最重要的是多中心城市发展的想法。这意味着要加强具有互补优势的城市中心之间的功能联系和合作，以便它们能够变得更具竞争力。经济增长的好处可以更广泛地分享在欧洲周边地区，而不是过度集中在发达地区，如被熟知的"五角大楼"（它以伦敦、巴黎、米兰、慕尼黑和汉堡为界）。其中一个目标是将这些多中心城市网络中的一部分发展为促进全球经济一体化区域。此外，作为门户城市，其横贯大陆的入口区域，通向扩展的欧洲，被认为具有特殊的经济潜力。

这些思想需要用新的知识和技能来推广。欧洲空间规划观测网络（ESPON）于 2002 年开始运作。它正在测量并描述 25 个欧盟国家，以及瑞士、挪威和两个候选欧盟成员国（保加利亚和罗马尼亚）的关键空间趋势（例如：移民、可达性和通信量）指标和政策对领土的影响。这项工作是在国际小组中进行的，分析工作可分三个层次进行：宏观（29 个国家作为一个整体）、中观（区域的国际分组，特别是欧洲部分，如波罗的海区域）和微观（国家外部和国家内部区域）。它也注意到邻近的国家，如北非国家，以及"世界上的欧洲"。另一个项目是探索知识经济在空间影响下的竞争力。得到的结果是，现在可以更好地挖掘地域方面的发展潜力，并强调不同规模、层次之间的政策困境。例如，一项缩小东欧新成员与西欧老成员之间的发展差距的政策，可能会导致这些新成员的首都城市与它们的农村或老重工业城市之间的差距日益扩大。

因此，ESPON 正在培养一些技能，挖掘在交通、农业和研究发展方面的潜力和利用政策的影响。它目前正在使用一些创新的测绘方法，并开发一系列政策制定者可以使用的指标，应用情景编写技术来促进欧洲当下的决策行动，以及加深对未来影响的认识。

在另一个案例研究中，技术和结果只是一部分。ESPON 在仅仅四年内就掌握了整个大陆的大量动态网络信息。参与创新研究项目的好处是它能促进各个国家机构合作，其中包括新的成员。这种结果是对知识的共享与能力的建设。

在美国，一个叫社会契约（Social Compact）的组织正在了解非正式经济。它正在努力提高对低收入地区的（再）投资范围的关注度，这些地区的非正式经济规模大、生产效率高。社会契约模式正在以创新的方式看待生产，并改善那些投资匮乏的社区。另外，通过获取和利用信息，社区、私营部门和政府的联系更加密切。这是具有发展潜力的合作关系，能够维护大量新城市居民的长期利益。

《《《《《 案例研究 4：美国

在邻里层面衡量非正式经济

在美国 100 多个低收入社区，非营利组织社会契约使用其数据钻取（DrillDown）技术进行市场分析。它钻取和使用 30 多个
21 不同来源的数据，构建面向商业的配置报告，以识别传统的市场

分析模型经常忽略的未开发市场的机会。然后，这些新的社区数据被分发给企业、政府和社区领导者，旨在激发新投资并改善低收入居民的生活。社会契约一直认为低收入社区要比以前认知中的更大型、更安全且购买力更强。

社会契约报告可以在网上获取，有助于激励对低收入地区的重大（再）投资。在休斯敦，社会契约确认了一个价值超过 4.4 亿美元的非正式经济活动，这一调查结果促成海湾中心重建，这是休斯敦市中心 50 年来出现的第一个新建筑。如今，该中心的入住率达到 100%，创造了 2000 个工作岗位。该地区还重新开发了具有 246 个单元的公寓。在纽约市哈莱姆区，发现了超过 10 亿美元的非正式经济。社会契约报告发表后，富利银行（现为美国银行）在附近建立了两个新的分支机构和三个自动取款机，为当地居民提供积极和成功的小企业贷款业务。

社会契约报告常用于当地非正式经济指标来计算不受监管的生产规模和价值（例如日工的桌底交易），以及可能被非正式或非法分配的受管制商品和服务（服装、食品和电子产品）。该模型中的指标包括所花费的金额与申报收入金额的比例、低收入家庭的占比、一个地区的外国出生人口占比、没有信用记录的家庭数量、账单支付方式和其他金融机构的流通程度。

社会契约使用许多技能来确保每次非正式经济的分析能够实现最大限度的成功，这包括伙伴关系的建立、进行沟通、拓宽视野和有组织的学习。这些技能共同成为支持构建社会契约和收集准确数据的关键一步，投入使用后得出的调查结果带来更深远的意义和更高的合法性。

社会契约与私营部门密切合作，以满足其获取更完整的市中心社区收入市场数据的需求。这种需求的一个推动因素是怀疑传 22 统市场分析并没有"抓住"低收入社区的大型非正规经济。通过听取企业部门的要求并直接满足它们的需求，企业领导者会成为数据钻取的利益相关者，其对模型的框架和设计至关重要。通过合作伙伴关系和不断重新评估，社会契约已经设计了一个动态和灵活的模型，该模型捕捉了由多个市场制定的非正式经济活动的关键特征，这个模型由商业部门的决策者提出，并获得支持。

社会契约的非正式经济模式在收集数据的时候需要大量的投入，因此需要合作。通常情况下，社会契约需要来自相关城市政府部门、金融机构和其他私人的数据。通过研究社会契约已经发现，在项目的初期阶段，与政府经济发展机构建立伙伴关系是与其他数据提供者合作的最佳方式。与市政当局合作有明显的实际利益。根据项目和分析，公共部门有机会提供所需的大部分原始数据。此外，它可能已与私营部门建立了长期稳固的关系。最后，如果技术能力有限，那么通过与大学和其他研究组织的合作，可以利用 GIS 和现有研究计划所提供的技术支持专业知识发展。

前几个阶段建立的关系强度往往是最终成功建立邻里市场的决定性因素。一开始，社会契约非常重视从公共、私营和非营利部门的广泛联盟那里获得认同和支持，这确保它们协助的非正式市场的研究被各方视为可信赖且可靠的信息工具。许多城市零售商、房地产开发商和社区团体，将其社区日益提高的声誉归功于时机成熟的对钻取分析的投资。

社会契约显示了市场分析技能如何帮助贫困地区的人们。非正式经济对富裕国家和贫困国家的贫困人口的生计都很重要，但规划者在过去收集数据时，在很大程度上忽视了非正式经济。数据钻取技术可能适用于美国以外的情况，也可能不适用，但是通过网络来发现隐藏的潜力无疑是可以参考的方法。

3.3　了解社会层面的可持续发展情况

对于许多习惯以一视同仁的方式为公众利益服务的官员来说，多样性是个难题。人们很容易想当然地认为，官员们自己所熟悉的生活方式和价值观对其他人来说都能够被理解。然而，每个人的生存环境、性别、年龄、社会经济地位、宗教、能力和文化技能之间存在差异，因此需要技能来理解城市环境中的差异和利益冲突（见第5章）。

需要重点关注的事项不仅包括物质项目和收入，还涉及与人们生活环境相关的关系、经验和想法。接受过高等教育和具有一定社会地位的规划者和专业人员，如果不了解普通贫困人口在城市中的经历和生存方式，就很难以有效和可持续的方式解决贫困问题。

对利益相关者的分析应该支持在整个规划过程中的信息积累。这种观点提醒决策者更加关注发展，并且这在准备谈判和进行外部沟通时至关重要（见第4章）。向不同用户公开信息和进行解释也可以赋予那些被排除的群体一些权利，并修改过去的假设。差异可以成为创造性思维的强大激发因素。

既定的数据源通过粗略的简化（如使用统计平均数）很可能会将贫困人口"抹去"，或者贫困人口的情况和愿望很难被准确地记录下来。案例研究5涉及孟买路面居民，自行填报问卷显示其如何克服根深蒂固的障碍，而信息可以成为进步的动力。孟买路面居民让政府官员和城市里的其他人都注意到他们，并提高了人们对他们状况的认识水平，通过建立有关他们的社区，了解他们的生活，掌握他们面临的问题，可以扭转不利形势，影响城市政策，以及官员对他们的看法。

《《《《《 **案例研究 5：印度**

计算隐形人口：孟买路面居民的人口普查

通过对孟买路面居民的联合调查，社会区域资源中心促进会（SPARC）这一非政府组织联合女性街边居民组织 Mahila Milan

（Women Together），以及全国贫民区居民联合会一起开发了一套方法，以社会经济数据和生活史的形式收集信息。这一方法被证实能大大改善他们的生活状况。

24　　路面居民是印度最贫穷、最弱势的城市居民之一。由于正规住房成本高，供应量少，他们中的大多数人别无选择，只能生活在人行道上。特别是在孟买这样的城市，他们也买不起交通工具，因此需要住在离他们工作很近的地方。他们长期面临房屋被拆毁和财物被没收的威胁。由于他们没有固定的住所，他们中大多数人的信用卡申请被拒，并且没有足够的收入来维持日常生活所需的食物和燃料。

　　SPARC 开始在孟买聚集最多路面家庭的地区开展工作。该非政府组织建立了拜库拉（Byculla）地区资源中心，为路面居民中的女性提供一个场所，她们可以在那里见面并谈论她们的经历和想法。这些女性找到打破与城市其他地区隔离的方法，以改善她们的处境。1985 年，她们首先提出要统计生活在拜库拉地区的路面家庭的人数。当时，官方人口普查只统计登记的家庭居民和贫民区居民，忽视了路面居民，因此他们被排除在公共政策和服务之外。

联系方式：

SPARC
PO Box 9389
Mumbai 400 026
India
Tel: +91 22 2386 5053 /
+91 22 2385 8785
Fax: +91 22 2388 7566
e-mail:
admin@sparcindia.org /
sparc@vsnl.in

　　该调查在 SPARC 的支持和受训人员的帮助下进行，覆盖了 6000 多户家庭，近 27000 人。SPARC 公布的结果使路面居民被当局和其他人认可。这些信息提高了人们对路面居民的认知水平，从而了解他们的需求和境况。它为官方改变对涉及路面居民等城市贫困人口的政策奠定了基础。

　　该调查还提高了路面居民的信心。在人口普查之前，路面居民通常根据亲属关系、种族、语言、地理来源等形成支撑网。该调查创造了一种新的、平行的身份，帮助路面居民成为社区的一部分。

今天，小区主导的人口普查和调查已成为 SPARC 及其合作伙伴推动小区动员和公共宣传的主要战略之一。事实证明，它们是建立小区能力的重要工具，可以根据自己的情况和与之交往的人的情况表达自己的认知。它们对于启动和维持城市地区有效的扶贫进程至关重要。

在开始了解被严重边缘化群体（如案例研究 5 中的路面居民）的背景、需求和价值等方面时，这涉及现实的技能。传统的调查不太可能注意到他们。保持低调通常是城市贫困居民的一种生存策略。另外，官员们被看成对他们的生计和意愿的威胁而不是支持。怀疑和敌意阻碍了贫困居民与社区以外的当权者的合作。

对于那些从前被排挤或是被官方机构干扰的人来说，获得信心是需要时间和技巧的，而且很有可能需要中间人的介绍。地区资源中心或类似机构也许是有用的，能够给本地网络开启入口。但至关重要的是，信息收集、分析和传播必须是为了提供信息的人的好处，这需要一种与许多研究人员和数据收集者的传统观点截然不同的思维方式。

3.4　了解文化层面的可持续发展情况

随着环境、经济和社会发展迈向公平，人们逐渐认为文化是可持续发展的第四个方面。建筑和自然环境是文化的产物，是特性的重要组成部分。然而，官僚因素对地区文化的多样性和发掘丰富多彩的文化潜力"视而不见"。

在案例研究6"我们是谁"（Who We Are）项目中，英国一个城镇的少数民族群体找到了分享和欣赏他们经历和文化的方法。

《《《《《《 案例研究6：英国

在建筑和自然环境中加入少数民族
社区的观点和传统

主流社会普遍不了解移民和少数民族社区的文化传统。对不同文化的漠视很可能会继续；传统方法只从多数群体的角度去理解文化遗产，所以少数民族群体认为其传统不是遗产保护规划的一部分，因此他们不参与，结果是，决策者和规划者仍然不了解文化遗产的差异。

在斯旺西（Swansea），黑人环境网络（BEN）向在那里生活的来自非洲、孟加拉国、中国、菲律宾和伊拉克的居民收集有关他们过去、当今和将来的信息，让他们把居住地和南威尔士周围的乡村联系起来，通过这样的方法解决上述问题。"我们是谁"项目关注上述五类居民的生活故事和家族历史，关注今天他们生活在斯旺西的各个方面的情况，并关注这些人对城市的外观和感觉的影响，还有他们对斯旺西多元文化未来的看法。这提供了一个让少数群体回顾自己作为"城市历史"的机会，并让他们提出改善斯旺西楼房和自然环境的想法。

他们的工作得到了 Balchder Bro 计划（威尔士语，意为"地方的骄傲"）的支持——这是威尔士实施的一个为期两年的试点项目，旨在帮助社区加强保护其遗产。BEN 开展了一系列研讨会，鼓励社区思考当地环境和遗产的独特之处，并激励其他人欣赏和关心它们。人们通过分享照片及录音和文字材料，旨在获取和思考他们的想法、技能和意见。在获得这些成果的基础上创建了网站，以便与更多的社区分享文化遗产各个方面的内容，并告知社区规划者、地方当局和其他主流组织如何帮助少数群体社区实现其对城市的愿景。

一年之内有超过 100 人积极参与该项目。从长远来看，BEN 希望能筹集资金并在上述社区内雇用一名兼职工作人员，以"我们是谁"项目为基础，鼓励其他社区开发自己的网页，欣赏其独特的文化遗产，并为当地未来的建设和自然环境的维护做出贡献。

围绕各种活动组织的研讨会、社区节日庆祝活动和公园野餐是让不同社区的人聚在一起的好方法。对他们进行咨询技巧的培训，让他们能够在自己的社区内举办研讨会。人们对自己的传统表现出真正的自豪感，并热衷于参与、分享有关的背景故事。这一点在热闹的"我们是谁"网站得到了很好的体现，该网站提供了各种链接，人们可以了解更多有关不同种族节日和习俗的信息，或通过下载食谱和歌曲，发现社区对其建筑和自然环境的贡献。实施此类多元文化项目的关键点是实现研讨会的便利化，以及对上传到网站的内容管理所需协调的工作予以保障。

该项目得以让斯旺西之前被边缘化的人提出其愿望，让他们提出在城市环境中希望看到的"改善"，例如，来自孟加拉国社区的一个人在网站上描述了宁静的村庄与现在斯旺西一些地区沉闷的建筑和不安全的街道之间的对比，其梦想有一个更干净的城市，汽车较少、树木较多和对女性来说更安全的地方。"我们是谁"还提供了一个区域地图，显示了建筑和自然环境中的高点和低点，并由研讨会的参与者予以确定。当主流组织对其文化表现

26

出兴趣时，少数族群社区会感到非常高兴，因为其能够就社区和生活环境的未来建设提出自己的想法，这样一来，其就有了信心和被包容的感觉。

3.5 总结

信息和理解始终是有效规划的先决条件。然而，收集信息需要时间并且花费较多，因此需要进行平衡。做出这样的判断本身就是一项技能。本章表明，信息处理不仅是技术问题，信息还是力量。那些制定城市规划和战略的人非常容易从传统来源获得信息，这往往使其无法认识到贫困问题。这里的案例研究表明，与贫困群体和（或）传统上被边缘化的群体合作可以带来多重好处。新的信息和新的理解是以一种有效的经济方式所产生的。这是更完善地反映贫困人口需求和对环境尊重的基础，同时也获得市场参与者和私营部门的认可而不是反对。合作分析信息也是提高参与者新技能水平、强化自信心的过程。它创立了一个进行进一步对话的平台。

关键信息

□信息可以揭示新的潜能。

□通过合作和扩展脉络来收集和分析信息，分享理解内容不只是技术问题，还是能力增强和能力培养的手段。

□要用新型技能和全新态度来触及不同信息来源，并予以领悟。这涉及识别利益相关者、对生存本质的认识、市场、自然资源和不同文化技能。

□这些技能可以应用于所有地区，从一个场所到一个洲。

4

沟通、协商和包容

现在很少有国家的规划师能够将自己的规划让别人强行接受。但是，作为协调参与发展中各个部门和机构行动的手段，规划还是必要的。由此可知，规划是需要通过沟通和谈判来制定的。在某些情况下，规划师的作用甚至是协调各方的矛盾。所以，沟通、谈判和调解的技巧是非常重要的。

住所是各种各样的人和族群的家园。在以前的公共政策制定过程中，没有明确的声音代表"公共利益"。然而，正如第3章所论述的那样，城市居民中的许多声音，尤其是贫困人口的声音往往不被听到，尽管贫困人口的需求被视为可持续发展进程的核心。

在城市化和城市贫困化急速发展的情况下，我们面临巨大的挑战，这包括为不同利益相关者申诉，确定重点事项，通过访谈和辩护来研究策略，同时有效接纳相关社会群体。在这个问题上，我们存在巨大的技术差距，仅以本书的这样一个章节是无法完全说明的。但是，本章可以介绍一些正在采用的技术，表明有创意的方法不仅可行，相比以前的例行程序还能产生更好的效果。

4.1 参与、沟通、互动

规划师，相比其他与发展相关的专业人员来说，是"参与式城市发展"之中互动这一步骤的核心人员。他们有相关的知识和分析的技能，为在合理的情况下调解、协商的进程做出贡献。这需要有一定的政治敏感度，以提高其他利益相关者的能力；需要具有建立和维持联盟的能力，并促进建立一种共同愿景；需要有倾听和理解他人的能力（以及表达这些观点的方式），还要有良好的沟通和演讲技巧。

后种族隔离时期的南非以极端的形式"说明"了这些困境。人们认为，曾经以种族隔离为核心的规划系统必须迅速进行调整。严重贫困的偏远地区根本没有地方政府。为建立一个促进经济发展和提供更公平的服务新平台的途径之一是制订综合发展计划（IDPs）。毫无疑问，这些措施的有效性存在很大争议。案例研究 7 着眼于介绍制订 eNdondakusuka 市综合发展计划的参与过程。它通过沟通、相互倾听和讨论展示了当地居民达成共识的技能。它表明，尽管南非城市存在种族隔离时期后的社会分裂，但具有协调优先事项能力的机构还是可以建立起来的。

《《《《《 案例研究 7：南非

在当地主管机构之间讨论综合发展计划

2000 年，南非建立了一种新形式的地方政府，原本当地政府在服务和监管上的权力都是有限的，后来其发展为有广泛职能的政府。地方层级发展规划中的一个关键是 IDPs，主要是为了确定和挖掘当地的发展需求和潜力，并将它们和地方主管机构的管理、预算和规划职能联系起来。南非的每个市都需要制订五年战略计划，并在每年社区和利益相关者协商后进行审查。该计划旨在通过平衡可持续性的社会、经济和生态支柱，以及协调跨部门和政府主导的行动来促进实现一体化。它们必须包含市区发展愿景、发展目标、战略、项目和计划。

图　正规住房和非正规聚居区并存的对比

（版权所有：Christine Platt）

IDP 的筹备过程不是一个一劳永逸的规划过程，而是地方政府战略性新进程的开始。IDPs 的纽带和整合作用可见于平行的政府领域（纵向协调）、部门（横向协调）、城市和农村、非部落和部落地区，能够克服历史上的种族分歧和不平等。另一个关键性挑战是在多元文化背景下建立包容性社会，它具有发展目标，并是本地经济需求和战略机遇之间实现稳定、基本平衡的一个优先事项。鉴于种族隔离时期遗留下来的深层社会分歧和"功能紊乱"，社会包容性显得尤为重要。

夸祖卢–纳塔尔省的 eNdondakusuka 市是在 2000 年地方政府划界后新成立的一个自治市。综合发展计划于 2001 年 12 月开始实施。重要的是，在新背景下，民主选举产生的代表有足够的权力在选区层面增强社区意识。此外，为了确保非政治目的的参 29

与，政府在当地媒体上刊登广告要求有关部门在法定代表性论坛登记，共有 109 个社会代表团体、公民协会和经济利益团体登记，其中包括组织性的劳工和居民协会、体育和戏剧团体。进一步邀请主要利益相关者参加所有研讨会和会议未必会有回应。

共有两个代表性论坛会议和七个部门研讨会被积极响应。大约有 600 位来自当地社区部门的代表出席。会议鼓励参与者畅所欲言，并就所讨论的议题发表意见。会议最后的成果是 IDP 优先处理问题的清单。这份问题的清单不是一份愿望清单，而是社区代表在研讨会期间讨论、辩论和商定（或至少接受）了真正的优先事项。研讨会在地方机构的规划人员和祖鲁语专业调解员的协助下共同推动。所有参与者都可以使用自己的语言发言。另外，重要的一点是，在研讨会之前并没有定下什么条条框框，也没有预先定下立场，因此，地方机构和规划师不需要对此进行辩护。

30　　成果草案在另外一个有选举议员和官员参与的研讨会里进行了审议。最终的成果文件在向最后的代表性论坛会议呈现之前，进行公众意见咨询。在整个综合发展规划准备过程中，规划咨询员的调解工作确保了解决问题的策略是 eNdondakusuka 市在有限资源下可实现的。提出的问题都被思考过，如它们是否广泛存在于所有社区。在某些情况下，社区乐意接受特定群体提出的某些具体问题，而这些问题被认为在更广泛的意义上有价值，更需要被优先考虑。

该计划的谈判和调解是在地方当局范围内完成的，所有参与者都听到了对方提出的观点，这对综合发展规划的一致性、合法性和可行性至关重要。让小规模区域，比如在一个选区范围内规划编制的方案去迎合高层次的竞争需求变得艰难，即使是具有可行性的。此外，通过互相听取各自的声音能够让人们知晓彼此的担忧，能更好地理解广泛社会的不同需求和利益。官员可以以此了解社群互相冲突的可能。许多参与者表示通过这样的相互沟通认识到"抗议造就了发展"。

eNdondakusuka 市的 IDP 案例的成功值得注意，如其在短时间和有限专业人力资源的情况下也使各方达成共识。通过对 IDP 的审查，参与性程序也成功被维持。代表性论坛、会议结合社区研讨会这一模式已经持续了四年，而且在 IDP 进程刚开始时，参与者对资源贫乏区域的发展局限性和现实情况所表现出的理解，也得到了认可。随着最近的地方政府选举，2002 年的综合发展计划现在已经结束了。在最后一次代表性论坛会议上，社区代表对 2002 年所确定的优先处理问题的解决表示满意。

这个案例研究显示了对许多技能的使用。如与政治家和地方代表合作的技能，这样他们有了增强这个过程所有权的意识，但是接受所有权并不意味着垄断。这些政治家主要在公共部门任职，选举成员也有能力进行建设。使 109 个组织进入综合发展计划进程，需要了解多样性的技能。同样，参与的过程也是能力建设的过程，学习是双向的，对于做这项工作的咨询师来说，这也意味着突破新领域，并在这个过程中学习。

在类似 eNdondakusuka 市的情况下，倾听技巧显然是非常重要的，其表现形式可以是一个结构相对单一的机构，如代表性论坛，也可以是一种成功的合作方式。这个例子也指出了语言技能的重要性。在这个案例中，一个讲祖鲁语言的协调者是解决问题的关键，当规划者或其他官员所服务的人的语言不是他们母语的时候，语言就是一项重要的技能。越来越多的前殖民地进行类似的尝试，这意味着这个问题可能会变得更加普遍。

4.2　谈判、调解和解决冲突

规划是必要的，由于聚居区和其他区域的发展存在利益冲突，因此，规划的核心技能是去理解和解决冲突。虽然在一定程度上这一技能应该被掌握，但其极少被关注。

31   达成共识的可能性来自对利益冲突和需求的反思性讨论。规划人员和相关专业人员必须学习处理冲突的技能，以便在关键的发展问题上达成共识。这些技能包括：预测潜在利益冲突的能力，并迅速意识到关键问题；开放的态度，愿意妥协和解决问题；耐心和毅力；灵活地应对冲突和压力；出色的倾听技巧和具有了解他人需求的敏感度；具有质疑传统规划的理性和权威性，以及应对被攻击或谩骂的能力。

     为了在不确定的情况下做出最好的决定，谈判、调解和解决冲突绝不是去冒险，而是通过仔细评估风险规划和制定策略，以便在不确定的情况下做出最佳决策。此外，有效的谈判需要一定的实践和反馈，它包括准备积极的策略，以及充分了解自己的优点和缺点。下面是在准备谈判过程中需要提出的问题类型示例。[①]

自我评估

☐我想要什么？

☐我真正需要什么？我的目标是什么？

☐需要的东西的先后顺序是什么？

☐我愿意牺牲什么东西以换取其他东西？

☐什么是我的压力、制约因素？

☐什么是我的谈判协议的最佳替代方案，即我要避开的点是什么？

对其他各方的评估

☐他们是谁？

☐他们想要什么？他们都有相同的目标或兴趣吗？

☐他们真正需要的是什么？他们的目标是什么？

---

① Thomson, L. (2000) The Mind and Heart of the Negotiator, Prentice Hall, NJ; and Carter, W. (1991) Negotiating Skills; Participant's Guide, Harbridge Consulting Group Ltd, New York.

□他们需要和想要的东西的先后顺序是什么？

□他们愿意牺牲什么来交换？

□他们的压力、制约因素是什么？

可能的冲突

□有哪些可能的冲突？

□你知道冲突会在哪里发生吗？

□最佳目标和谈判协议的关键是什么？

□你会给自己留多少余地？

□你将如何解决冲突（提供不同的方法、请调解员或仲裁员）？

案例研究 8 展示了在孟加拉国一个成功的谈判过程如何可以促使有利于城市贫困人口的城市公用事业改革。在这个例子中，非政府组织 Dushtha Shasthya Kendra 药物健康中心（孟加拉国）（DSK）在促进为贫民区提供市政供水的谈判中发挥关键作用。DSK 模式还展示了，在外交和政治力量的适当平衡下，一个非政府组织或有组织的社区团体如何在政府当局和其他利益相关者施加的"繁文缛节"和权力斗争之间周旋，并通过建立成功的先例逐渐获得信心。控制冲突的另一种方法是同意并坚持一套规则。

《《《《《 **案例研究 8：孟加拉国**

为城市贫困人口提供水资源的谈判

当地的一个非政府组织 DSK 帮助达卡的一些聚居区居民获得公共用水和卫生服务。在达卡负责供水的机构是达卡水供应及处理局（DWASA），它授权只能向有房地产权的家庭供水，这事实上排除了大多数贫民区居民。说服 DWASA 在违章建筑安装供水点是更多信息请参考：

Akash, M. M. and Singha, D.
(2003) Provision of Water
Points in Low Income
Communities in Dhaka,
Bangladesh, paper prepared
for the Civil Society
Consultation of the 2003
Commonwealth Finance
Ministers Meeting, Bandar
Seri Begawan, Brunei
Darussalam, 22–24 July,
Commonwealth Foundation,
London；
Matin, N. (1999) 'Social
intermediation: Towards
gaining access to water for
squatter communities in
Dhaka', Water for All Series
(May), Asian Development
Bank；
Rokeya, A. (2003) DSK: A
Model for Securing Access
to Water for the Urban Poor,
WaterAid Fieldwork Report,
WaterAid, London；
Singha, D. (2001) Social
Intermediation for the Urban
Poor in Bangladesh:
Facilitating Dialogue
between Stakeholders and
Change of Practice to
Ensure Legal Access to
Basic Water, Sanitation and
Hygiene Education Services
for Slum Communities,
paper presented at the DFID
Regional Livelihoods
Workshop: Reaching the
Poor in Asia, 8–10 May,
DFID, London.

来源：

Timeyin Uwejamorere
(WaterAid UK)
Ziaul Kabir (WaterAid
Bangladesh)

33

一个重要的突破，需要多年谈判的努力，同时也需要一些重要的技巧，逐步增强利益相关者之间的信心，从而使非正规小区能够以双赢的方式获得正式的公用事业服务。

DSK 在达卡市的贫民区和违章建筑工作了很多年，当时其是贫民区和 DWASA 之间的沟通者，以推动在达卡市的一些贫民区建立供水系统。当贫民区居民表示愿意支付供水服务的费用时，DSK 借此机会，为贫民区居民提供担保（如保证金和定期支付账单）。DWASA 官员最终同意放弃他们一贯执行的政策，并于 1992 年和 1994 年在达卡市的贫民区批准建立了两个供水点。

DSK 在其第一次行动的经验积累基础上，不断为给城市贫困人口建立可持续供水的项目模型而努力。其设法与 DWASA 协商在 12 个贫民区开展一个试点项目，前提是在现有的体制框架内获得提供服务的费用支持。最终其成功地获得了达卡城市协会（DCC）的许可，在 DCC 所拥有的土地上修建了供水点和道路，并且得到联合国开发计划署—世界银行水务和卫生设施方案、瑞士发展与合作署和国际非政府组织水援助署提供的技术支持，以贷款的形式得到了项目的初始资金。

其目标是在水务机构和潜在用户之间架起沟通的桥梁，通过倡导和调解的方式，鼓励改善当地的供水体制，以便为城市贫民提供用水。与此同时，DSK 建立起贫民区

内的供水点和厕所管理委员会。另外，通过培训，其具有管理供水点的能力，确保居民定期支付水费，以平衡设施管理和维护费用，以及偿还贷款。DSK 还向他们提供技术支持，以维持供水管网以及其他相关设施的运转。DSK 的 Dibalok Singha 博士解释道："我们面临的挑战是要证明这些举措是成功的；凭借这种经验的力量，促使地方政府对这些项目进行投资，从而使有需要的群体受益。"

实践证明这些举措是成功的，其凭借这些经验来影响和推动地方政府对这些项目进行投资，从而使目标群体受益。DSK 在达卡市开展的供水模式已经向市政府证明，只要其愿意投资建设，非正规社区也有能力成为负责的基本市政服务管理者，以及与项目相关的供应商的可靠用户。对于 DWASA 来说，这代表了一个有效的非官方市政系统的建立，以及实现经济上的创收。此外，对于那些支持该方案的地方政府官员来说，向城市贫困人口提供市政服务是可以被视为具有政治意义的。自 1996 年项目开始以来，DWASA 越来越有信心将它的发展模式推广到贫民区和违章聚居区，在此期间，其在 70 个贫民区建立了 88 个供水点，将有20 多万人受益，同时还有 12 个供水点已经交付使用。该项目成功地展示了非正规社区居民成为可靠用户的潜力，这促使 DWA-SA 允许居民在不需要担保人的情况下自己申请供水服务，DWA-SA 还在其管理的 110 个社区的供水系统中借鉴这一发展模式，使大约 6 万名贫民区居民受益，DWASA 计划将这一发展模式扩大到该市一个拥有超过 25 万名贫困人口的非正规社区，它是达卡市最大的贫民区之一。

DSK 希望将项目责任逐渐转移到社区本身，其中包括与 DWASA 和 DCC 进行接洽和谈判，以及向这些机构介绍社区有助于建立供水系统和让其提供卫生服务的条件。事实上，项目运营成功的先例，加上最初几年谨慎而漫长的谈判促使达卡市当局和市政部门转变了思维方式，使贫民区、房东、供水公司和市政当局之间的关系，以及市政管理权力分配产生了巨大变化。Singha 博士承认，与 DWASA 或 DCC 等官方机构合作需要时间，"但是慢慢地肯定会被接受"。显然这取决于这些关键机构中高级管理人员的承诺，当地较高级别官员必须愿意主动在项目中进行合作，外部机构和国际组织的影响也对说服地方当局和公用事业部门中的项目反对者产生重要的推动作用。

该模式引领了确立新的问题解决方案的方向，而且与水援助项目密切相关，在全国范围内被其他非政府组织和市政当局予以较大规模的"模仿"。确立该模式的经验还促使达卡市最终的供水政策草案将社区参与作为政策重点，并提到将为社区提供更好的服务的建议，以帮助提高利益相关群体对水政策的认识水平，监督实施政府政策和计划。此外，政策还致力于确保为达卡市贫民区中的贫困人口提供全面的供水服务。除了成功的谈判经验之外，DSK 模式也被证明是城市公共市政事业改革方案中对城市贫困人口有利的切入点。

这个案例研究显示了成功谈判有巨大的好处，它还揭示了任何谈判中心态度和看法的重要性。谈判涉及的重要技能之一是能够掌握不同利益群体的思维方式，并了解需要哪些条件来说服那些阻碍协议通过的假设和偏见，而且在谈判中建立相互信任和相互尊重是达成协议的关键。在这个案例研究中，需要让水务部门相信，违章建筑居民也可以是可靠的客户。沟通在这个过程中非常重要，这在第 3 章中已经被阐述，尝试确定并努力实现各利益群体想要达成的愿景很重要。

案例研究 9 再次表明，通过非政府组织的工作进行调解能够弥合地方当局的"通用"政策与城市贫困人口的需求之间的差距，然后通过谈判达成一个折中解决方案，这一解决方案后来被证明行之有效，使大家对项目的开展具有信心，这样就可以扩大项目规模，并为城市的其他地区提供经验。

《《《《《 **案例研究 9：马拉维**

通过分析问题和提供机遇以确立为城市
贫困人口改善住所的途径

马拉维是世界上城市化速度最快的国家之一，但现在它的城市无力应对日益涌入的人口，其中包括越来越多的难民在内的新

35

来源：

Mtafu A. Zeleza Manda

联系方式：

Sikhulile (Siku) Nkhoma
Director and founder of
CCODE
Centre for Community
Organisation and
Development
Second Floor Nasa House
Area 3, PO Box 2109
Lilongwe , Malawi
Tel:+2651756781/2
Fax: +265 1 756781/2
Mobile: +265 8 864618
e-mail:
skuenkoma@malawi.net

移民被迫生活在无规划和拥挤的聚居区中，其特点是住房贫乏，人民健康状况不佳、清洁供水和卫生设施严重缺乏，城市不能满足居民卫生、教育、安全等公共服务需求。

马拉维无家可归者联合会（MHPF）是2003年初在首都利隆圭（Lilongwe）舒姆贫民区的管理团体的重组过程中成立的。MHPF目前在利隆圭和布兰太尔的每一个非正规聚居区都很活跃，成员将近3万人。除了推行改善生活条件的集体援助计划、组织和管理非正规聚居区每天的正常运作之外，MHPF能够发现一些问题，并积极寻求能够提供解决方案的合作伙伴。社区组织与发展中心（CCODE）最初是一个帮助联系马拉维城市团体的非政府组织，它将中央政府和地方政府的决策者、规划者和管理者联系起来，为国家提供支持。

图 社区供水点

　　在对利隆圭住房问题的调查和分析中，CCODE 成员认为使贫困人口与决策者及规划者等接触和沟通是方案推进的最佳切入点。这个计划由 CCODE 和联邦领导的组织制订。在 CCODE 的支持下，该组织于 2004 年 8 月向利隆圭市议会提出提供住房用地的需求，议会向联邦提供了 99 块土地，利隆圭当时的联邦成员人数约为 400 人，因此 99 个地块并不够。CCODE 向利隆圭市提出了一项建议，允许 MHPF 成员减少地块的面积，这样就可以用尽可能少的土地提供更多的住房，同时也可以减少未来的花费。经过谈判，其接受了这一想法。小区的面积缩小了，其把原有地块分割成 222 块。

　　由于项目初期开展顺利，由小区管理的房屋建设项目取得了成功，如今利隆圭市议会有兴趣为 MHPF 提供更多土地。在布兰太尔市，市政府提出协助联邦政府在全市范围内对约 17 个贫民区进行调查，最后市政府与国土局联合确定了土地分配程序。

　　在与当地官员、利隆圭水务局和私营部门的合作下，MHPF 继续努力改善和简化获得清洁水和卫生设施的方式，MHPF 成员认为这是马拉维城市面临的最紧迫的问题之一。此外，2005 年 7 月，CCODE 和 MHPF 与布兰太尔市议会签署了一项协议，将 MHPF 纳入城市升级战略中，这是联合国人居署正在实施的一项计划，目的是在未来 10 年内使布兰太尔成为"一个没有贫民区的城市"。

4.3　建立包容性机制

　　规划不但要尝试涉及社区的所有阶层，而且还要促使边缘化群体融入城市的社会和经济发展过程中。"等量齐观"的规划和互动过程很可能会加剧不平等和排斥现象。贫困和被边缘化的一个主要原因是缺乏发言权和社会脱离感，而且由于各方信息质量不同，决策水平参差不齐，谈判能力不同，规划者和其他专业人士必须承认权力关系的存在，并以一个更公平的态度进行工作。

在公共政策的讨论过程中，年轻人、老年人、妇女、少数民族人口、贫困人口、残疾人和非业主人员通常被忽视。我们应围绕他们的需要，培养他们对自身重要事务的组织和动员能力，使他们的声音得到倾听，并改善其代表性方面的不平衡情况。规划、实践必须了解这些群体的生活和需要，例如在许多国家，由于妇女在晚餐时需要准备食物，她们就不太可能参加下午和晚上的会议；在一些国家，妇女不能独自参加公共活动。包容性机制需要尊重和重视不同的认知和表达方式。在这种情况下，使用通俗易懂的词语会减少公众接触的障碍。

案例研究 10 表明，地方规划的实际行动过程能更好地促进包容弱势群体，且应通过组织教育研讨会、社区调查、基层倡议或社区领袖培训，培养使其需求得到认可的能力。

《《《《《 案例研究 10：英国

通过规划援助计划建立包容性机制

规划援助计划是由皇家城市规划研究所支持的一项志愿活动，旨在让当地社区有效参与规划过程并影响其所在地区的决策。规划援助计划为没有聘用专业规划专家的团体和个人提供免费和自主的专业规划建议。该计划开展了一系列宣传活动、教育活动和社区能力培养项目，并提出了使人民参与制定规划政策、改善地区规划的倡议。中央和地方各级相关机构通过建立强有力的合作关系来维护这个计划，这涉及与国家规划制定和更新有关的机构、区域议会、地方管理机构、学校和区域发展机构的合作。

37

规划援助计划制订人员和志愿者的技能和专业知识使之提供高质量的服务，而这是公众明确的需求。由英格兰、威尔士、苏格兰和北爱尔兰的 13 个办事处组成的区域体制使该服务能够满足当地社区的需要，帮助社区实现可持续发展，并为当地民主发展做出贡献。

2004～2005 年，伦敦的规划援助计划包含协助 62 个小组深入参与伦敦市中心大范围工业和铁路（国王十字车站）荒地的重建工作。规划援助计划制订人员组织了一系列研讨会来和这些团体进行协商，以提高其对地方（卡姆登区）管理机构和开发商文件的了解程度，这些关于混合用途区域开发的规划援助计划文本对于社区团体来说晦涩难懂。此外，规划援助计划的另一个挑战涉及伦敦种族的复杂度和高比例的流浪者和吸毒者。

在关于国王十字车站问题的论坛初步会议分析了 12 份规划文件和大约 30 份补充文件后，规划援助计划为参与的 62 个小组提供

来源:

Carol Ryall

联系方式:

Carol Ryall
Planning Aid for London
Unit 2, 11-29 Fashion Street
London E1 6PX

Tel: +44 (0)20 7247 4900
e-mail: info@planningaidfor-
london.org.uk
Website:
http://www.planningaid.rtpi.
org.uk/

了简单的官方文件摘要。这引导了随后的步骤：讨论法律问题，分析策略，并确定具体的优先考虑事项。这能影响开发商对提案的修改思路。规划援助计划制订人员与社区团体合作再去评估第二次提案，并就其处理早先提出的要点进行"评级"。

规划援助计划对伦敦国王十字车站重建项目的短期和长期贡献意义重大。工作人员在社区论坛和地方议会之间进行协调，后者对发展决策拥有最终控制权。规划援助计划志愿者必须赢得许多利益团体的信任，确保没有任何团体占主导地位或被搁置一旁，还要应对激烈的情绪。规划援助计划组织在需要的时候会寻求专家的帮助，并通过当地翻译人员将信息尽可能传递给更多的人。伦敦规划援助计划让论坛更多地了解发展的情况，特别是和

其相关的问题。

从这个案例研究中得出的一个关键点是，规划援助计划的存在是因为有专业的规划师愿意免费帮助那些没有能力雇用规划师的人。这也许不是一项技能，但它无疑是一种重要的态度和专业的表现形式，以构建更具包容性的规划计划。

在国王十字车站例子中展示的技能，包括举办研讨会、解析技术文件，以及向不同的受众传达它们的含义。前者需要良好的组织技能，成功的研讨会并非偶然发生。后者非常重要，不仅包括分析能力和理解能力，还包括总结能力。在不同的团体和机构之间建立网络和信任的技能也是规划援助计划志愿者工作的重点。虽然沟通技巧"注入"了这个例子的所有方面，但它也展示了调解方面的能力以帮助 62 个不同的小组找到前进的方向。

性别作为发展的一个因素的重要性已得到越来越多的承认。案例研究 11 表明，信息的传播，包括与城市官员和其他利益相关者的研讨会，可以发挥女性在政策制定和机构中的作用。充分了解所有当地人的需要和观点的规划是更好的规划。人们知道自己的声音正被倾听会获得信心并对当地的社区有更强的归属感。

《《《《《 **案例研究 11：俄罗斯**

将性别问题纳入当地政策议程

独立女性论坛（ICIWF）是一个非营利组织，成立于 1994 年，是一个密切联系女性的组织，现活跃在俄罗斯和其他独立国家联合体（CIS）成员。这个组织旨在传播关于女性权利和性别问题的信息，鼓励妇女组织行动，在论坛和组织间进行信息交流。CIS 支持女性的基层行动，并组织教育项目，它的所有目标都是促进反歧视女性社会的构建，在政策和机构中确立更强的女性地位。

图 非政府组织和警察的新社会技能培训

（版权所有：ICIWF）

ICIWF 正在通过妇女关系网络推进人类居住议程，简称人居议程（呼吁促进人类发展中的性别平等），将性别问题纳入城市政策之中。在国家层面，ICIWF 利用与一系列政府部门建立的伙伴关系，在联邦和地方层面传递信息，并代表基层组织在国家杜马（议会）提出。ICIWF 在俄罗斯各地和独联体其他成员的不同地点设立了一个大型项目和活动小组，表明性别平等可以被纳入更广泛的可持续议程。

随着经验的积累，在建立了合作伙伴关系、分享经验和信息，并与相关地方当局合作的基础上，ICIWF 已经摸索出了自己的方法。女性安全问题是一个重要问题。经验表明，最好通过调动邻里团体或地方社区来解决这一问题。此外，俄罗斯的住房和社区改

更多信息请参见：

The ICIWF issues a
newsletter Vestnik in
Russian, downloadable from
the internet at
http://www.owl.ru/win/wo
men/org001/v21.htm.

来源：

Elizaveta Bozhoka

联系方式：

Elizaveta Bozhkova
ICIWF
p/b 230 Moscow 119019,
Russia
Tel/Fax: +7-(495)366-92-74
e-mail: iciwf@okb-
telecom.net
Website:
http://www.owl.ru/win/wom
en/org001

革是当地团体在一定范围内联合起来的基础上进行的。然而，这往往是缺乏文化对话的。住在大型社区里的人通常互不认识，也没有共同语言，因此，ICIWF 及其成员做出了相当大的努力，促进邻里团体之间的对话，并通过组织联合讨论、培训和地方发展项目进行动员。它们确保居民，首先是女性，积极参与对这些项目的规划和执行。

一旦邻里团体得到更好的组织并准备采取联合行动，下一步就是在女性非政府组织、社区和有关城市当局建立伙伴关系。这是通过培训和研讨会进行的，这些培训和研讨会涉及市政当局代表、理事会代表和警察，以及邻里和社区领导人、女性非政府组织代表、危机中心代表和其他公民。例如，自 2003 年 10 月以来，在彼得罗扎沃茨克，ICIWF 组织了一系列培训和研讨会，使市政府、当地警察局和建筑部门人员提高当地的安全水平，或者使生活环境更适合妇女和儿童。参与性技能和方法作为讨论和决策程序的一部分被用于进行结果评估。

与此同时，女性团体及其领导人接受培训，从而提高自己的地位，推动女性议题进入城市和地区层面的讨论中。ICIWF 还鼓励在当地报纸上发表文章等，以便使公众更好地了解这些项目及其旨在解决的问题。2003 年 12 月，在彼得罗扎沃茨克，警察局局长邀请女性团体的负责人加入"公共顾问"，一些女性成员有权使用特定的警察身份证件来观察当地的安全情况。与此同时，由于人们越来越渴望交流、相互支持，并参与制定预防犯罪的解决方案，彼得罗扎沃茨克社区的总体安全水平有所提高。这些研讨会被用来为"地方对话"和"更安全地区"的联合项目提供信息，其中包括根据安全和性别友好标准改进当地建筑设计规划。根据彼得罗扎沃茨克警察局的数据，这些地区的犯罪数量显著下降，家庭暴力事件也减少了。女性团体和警察之间的伙伴关系有助于改变警察和公民之间的"成见"，并提高公众对性别和安全问题的认识水平。

主流化是一个重要的概念。这就意味着，在涉及性别问题的案例研究中，从仅仅服务一部分的利益焦点转移到服务的主流过程中，每个人都应认真对待并且必须将其纳入日常实践中。尽管在这些案例研究中有很多例子，但在理解多样性、对平等机会予以关注以及在将贫困人口和边缘化群体纳入全球规划实践之前，还有很长的路要走。 40

4.4　总结

正如本章开头所述，这一章的主题是沟通、协商和包容，这是对规划人员和其他相关专业人员角色理解的基础，其在第 3 章被提及且将在后面的章节中再次出现。重要的原因在于，聚居区的规划始终是不同利益、群体和优先考虑事项之间"交流"的过程。所以必须增强信心，获得理解，并与众多利益相关者探讨各种想法，其中所涉及的技能主要是管理技能。

包括：

☐明确目标；

☐良好的组织和充分的准备；

☐管理资源（财务、人力和时间）；

☐在时间限制内交付；

☐保持流程的顺利进行，而不是偏离轨道；

☐知道如何让人感到舒适，并能够创造舒适的讨论环境；

☐能够使用互动技巧来激发新的想法，而不仅仅是与人交谈；

☐准确记录结果和协议；

☐能够使协议转化为实施，然后实现最大化效果。

理解也是至关重要的。正如从经验中学习一样，倾听对于理解非常重要。人们的意思是什么？有时，它有助于重新构建语句，以便澄清价值观和优先事项，但总会存在隐藏的议程，揭示它们的最好的方法之一就是提出引导性问题，即人们不愿意谈论的问题。团队动态同样很重要。谁是领导者和怎样领导？团队中的紧张内容出现在哪里？这些代表他人发言的"代表性"是什么？其合法性的基础是什么？

关键信息

□倾听、问题、综合、总结和寻找解决方案。

□这种技能很容易被视为理所当然；它们更应该被学习和实践。

5

具备战略性

"战略"一词经常出现在发展计划、研究论文和组织使命的宣言中。战略对于计划者的工作来说是至关重要的,但是在计划的实践技能方面,"战略性"到底意味着什么呢?

战略与规划不同,例如在城市地区,战略行动基于对实现双赢局面的复杂性的认识,并且可以在任何空间范围内进行。战略 42 意味着利用问题和机会来创造力量,并开创以前不存在的新机会。战略干预必须是集体的、包容的、批判的和道德的,且是以这些作为依据进行战略行动的结果,不应以其成功或失败,以及赢家和输家来判断,而应根据其促成重大变化和持久变化的能力来判断。

对战略性的重视源于当今城市改变的本质问题。各地的问题各不相同,如将世界城市改变为新知识产业,重组"肌理",整修发达国家"衰落地带"聚集区被破坏的环境,同时应对发展中国家城镇和城市人口年均两位数增长的情况,或者减少气候变化对小岛国带来的危害。无论细节上多么不同,它们都有一个共同任务——需要战略性和快速的行动。

至少还有一个原因是规划人员需要战略性思考和行动方面的技能。上一章强调了在多样性情况下寻求一致的重要性,帮助增强对项目、计划或过程的共同所有权意识。如果参与者只能看到细小之处,以上的行动就不会成功。更大的图景是我们要去哪

里、为什么，以及如何到达那里，这对于调动人力和其他资源是
至关重要的。

5.1　战略行动是综合行动

能产生决定性和具有持久性作用的行动通常会被破坏，如果
其他机构和市场的行动逆其行之，则在资源有限的世界中，战略
行动的关键原因和要求之一就是对整合可用的资源进行有效和有
节制的使用。实现整合所需的基本技能之一是能够看到联系并能
多想几步。

案例研究 12 显示了斯里兰卡的联合国人居署项目的综合战
略行动如何能够最大限度地发挥 2004 年海啸后复兴和重建的潜
在作用。在许多人心目中，战略规划是自上而下的规划，与第 4 章
中讨论的做法相反，这一案例研究表明，战略规划也可以是自下而
上的规划，当地人力资源对于一个成功的战略来说是至关重要的。

《《《《《　**案例研究 12：斯里兰卡**

加勒海啸后的重建和恢复工作

2004 年袭击斯里兰卡南部的海啸造成 50 多万人死亡或流离
失所，并破坏了社区基础设施，如排水系统、社区中心、幼儿
园、学校和道路。为了应对这一灾难，联合国人居署重建社区基
础设施和住房（RCIS）在加勒不仅重建房屋，还支持社区重建基
础设施。在 2006 年 3 月之前的 12 个月里，该计划协助了在 10 个
受海啸影响的小区的 700 户家庭。

RCIS 采用了一种公众参与的方法，旨在通过增强弱势群体的
能力并向受海啸影响的人发出声音，从而实现对社区的广泛影
响。这包括：

□组织代表机构让社区能够就自身
重建过程做出决定；

□目标社区在重建重要设施层面发
挥关键作用，其中包括住房，以便可以
像正常社区一样重新开始运作；

□鼓励建立小规模企业，在重建过
程中创造就业和投资机会，以作为促进
当地经济恢复的一种方式。

这一过程能够增强受益群体的信心，那
些遭受苦难并幸存下来的人的尊严通过参与
重建工作而得以恢复。这不仅是对建筑物的
重建，还是对破碎的生活和社区自助模式的
重建。社区治理不仅被重新建立，还能进行
自我管理，创建了具有公共设施和生存机遇
的可持续社区。

来源：

Katja Schäfer

联系方式：

Conrad de Tissera, Habitat
Programme Manger
UN-Habitat - Colombo,
United Nations Human
Settlements Programmes
UNDP, 202-204 Bauddhaloka
Mawatha
Colombo 7, Sri Lanka
Tel: +94 (0) 11 2580691
Ext: 342
Fax: +94 (0) 11 2581116
e-mail: info@unhabitat.lk,
conrad.detissera@undp.org
Website: www.unhabitat.lk

Katja Schäfer, City Planning
Officer
UN-Habitat – Hargesia,
Somalia
e-mail:
katja.schafer@gmail.com

（版权所有：Katja Schäfer）

社区发展理事会和行动计划

作为 RCIS 项目在目标社区进行的社区动员活动的一部分，社区发展协会（CDCs）的作用得到恢复与加强，其代表更广泛社区的利益，而非取而代之。CDCs 提供了一个重要的机构之间的联系，将社区意见纳入加勒政府，并帮助实施地方制订的社区行动计划（CAPs），该计划优先考虑需求，并确定有助于满足这些需求的行动。CAPs 提升了社区的能力，以便在由社区决定的行动框架内为自身发展采取适当的行动。重要的是，需求的确定并不是社区授权产生的"愿望清单"，而是一个了解其处境，以及在最短时间内克服问题的过程。

社区契约

在为社区制订行动计划后，确定了优先援助领域，RCIS 和 CDC 批准了该计划。随后，作为承包商的 CDCs 负责根据商定的工作进度、规格、图纸和估算结果在指定的时间、范围内推进工程。在改善当地城市地区环境方面，RCIS 促进了不同活动方之间的合作，而联合国人居署在加勒的项目办公室最初对不同行动者之间进行调解。在项目推进过程中，联合国人居署逐渐退出，为社区决策和其他合作伙伴的互动留出更多空间。从这一角度来看，RCIS 有助于帮助社区拥有对自己生活的掌控权，并进一步改善受海啸影响的物质基础设施，从长远的角度改善这些社区。

社区通过就业及其项目本身的产出直接从项目实施中获益。此外，由于社区成员受到重建工作进行方式的直接影响，并且由于地方合同的利益直接回到了社区而不是中间者，因此他们具有开展正常工作的强烈愿望。重建工程的传统采购具有单一好处，即提供住所或基础设施本身，社区合作使投资收益增加了一倍，

同时提供了物质基础设施，进行技能开发和生产性活动。

就业机会不仅会出现在项目的实施过程中，而且存在于社区 44
创建的小型企业中。通过在职培训，社区团体能够承担其以前没
有的任务，尽量从社区内雇用技能熟练的劳动力，或从附近地区
雇用经验丰富的建筑工人。这些工人在管理施工过程中发挥了关
键作用，并有潜力充当缺少经验的人的培训者和示范者。

在战略方面，RCIS计划建立的框架巩固了社区意见，其被纳
入学习体系。流离失所的居民被指导进行重建，并在这一过程中

学习技能，这些技能可以被应用在未来的经济计划中，并被传递给其他技能较低的社区成员。民间社会组织和私营部门可以从发言权的增加、生产力水平的提高和多样化方面受益，公共部门也通过调配工作和 CDC 的投入来提高其经济效益。正如这个例子所示，战略就是发现并创造良性循环的潜力。在这种循环中，其中一个利益开启创造另一个循环的机会。这一相互联系和相互支持的过程是可持续发展的本质。

案例研究 13 表明规模不同、资源基础也不同，但仍可以采用类似的原则和方法，是个综合战略行动例子。

《《《《《 案例研究 13：荷兰

对社会排斥和社区衰落的战略性对策

Hoogvleit 在 20 世纪五六十年代从一个小渔村发展成为一个经过规划的城市，是鹿特丹的卫星城，容纳了大约 40000 人。然而，在 20 世纪 70 年代，建成的公寓大楼越来越不受欢迎，许多有能力迁出的居民搬走了，留下的人主要是贫困人口、少数民族移民和单亲家庭成员。工业部门倒闭后，出现高失业率。这座城镇，以及附近的港口和工业区的形象和声誉都被损坏了。鹿特丹的地理隔离反映在社会排斥上，毒品和犯罪使恶性循环加剧，因此，只有大规模的整合行动才能扭转 Hoogvleit 的局面。从 1995 年开始，当地政府进行了广泛的行动以解决问题。公民参与是这个阶段和随后阶段的一个关键部分。这产生了一个重大的复兴计划，吸引了一些重要的、有影响力的机构提供资源和积极的支持。鹿特丹市是一个强盛的大城市，两个持有大量房产的社会住房公司积极参与这个计划，中央政府也予以支持。不同规模的政府部门一致支持，实施互补的政策，这是战略行动成功的关键因素。此外，Hoogvleit 内部的创新项目也能够获得额外的资助和支持。

45

虽然主要目标是解决社会排斥问题，但重建工作涉及许多相互联系和相互加强的方面。这主要体现在：

- □ 提高经济活力；
- □ 增强社会凝聚力；
- □ 可持续性；
- □ 改善住房和居住环境；
- □ 较高的公民参与度；
- □ 区域品牌（支持营销项目变革带来的积极方面）。

因此，该项目在聚居地的规模方面和解决方案的各个方面都具有战略性。

这项工作涉及物质环境的巨大变化、大量的拆除和重建。1998 年实施的重建计划导致 25% 的房屋（超过 3600 套住房）被拆和相同数量的房屋被建。高质量的建筑是该计划的核心部分。其目的不仅是重新安置现有的居民，而且是吸引新的居民来这些曾被外界视为极无吸引力的地方居住。有成效的实施和交付是核心问题。

在住房方面也有一些创新，涉及管理、营销，以及在拆除和建设环节使用环保工艺。通过成立"老年人队列"，老年人相互帮助，解决各种问题，其中包括更新过程本身造成的问题。

Hoogvleit 这一品牌的核心价值包括"自尊"、"社区和归属感"、"决心"和"冒险"，其中一个成功之处是开发三个住区。在这三个住区里，超过 50 个人住在自己设计的房屋中。

正如斯里兰卡的例子所示，即便规模不同，资源水平也不同，综合行动和社区参与的必要性在 Hoogvleit 城市更新中也得到体现。显然，要让各部门的专家了解彼此的立场和期望并不容易，因为常常缺乏通用的技能。其中一家住房公司组成了一个专家小组，其技能包括项目管理、项目过程沟通、公民参与政策制定策略、建筑和房地产市场的管理技术。然而，许多公民和小企业等当地利益相关者并不打算理解复杂的规划程序。事实证明，不仅要在提高专业人士的沟通技能方面花心思，还要在对培养公民的规划技能和公民参与意识上进行投入。

尽管如此，Hoogvleit 在项目规模、目标和战略性方面表现出色。它专注于不同的行动，但所有这些行动都在战略上协调一致，以解决造成卫星城里社会排斥这个根深蒂固的问题。这是以社区为驱动力促进再生过程的一个例子，在这个过程中，来自不同层级的政府和半私有住房公司都给予了强而有力的支持，表现出一定的领导能力并积极合作。

5.2　战略和目标

战略规划在社区的接受度和落实度方面取得了成功。受到批评的重点在于战略规划倾向于自上而下，很少考虑使用诊断工具，耗费大量资金，缺乏包容性，并且在被采纳后往往又被忽略。

发展的技能要解决这些不足之处，因为战略规划仍然是表达一个地方公众愿望的重要手段，我们可以从各种情形中总结经验教训。在不同背景下，战略行动的需求是被肯定的，但障碍和技术短缺的问题也值得关注。案例研究 14 说明了这一点。

《《《《《 案例研究 14：肯尼亚

在 Kitale 参与邻里计划

在肯尼亚，地方当局提供行动计划（LASDAP）旨在让社区参与确定服务改进投资的优先事项。在这一过程中制订的计划是为了确定资金的分配战略。然而，在很多情况下，该计划并没有被顺利执行。它停在选举阶段，这时往往被强制控制。在其他情况下，社区咨询和协作很容易变得政治化并失去透明度。地方当局通常只涉及少数强势的社区组织代表，而大量的贫困人口失去了权利。

针对在地方层面 LASDAP 实施度的不足，英国慈善机构 Practical Action 与 Kitale 市议会、社区团体和非政府组织建立了合作关系，以确保磋商过程涵盖低收入和非正规社区。

（版权所有：Mansoor Ali）

2001 年，在 Kitale 进行了一次系统性的扫描调查，以确定并测绘市里的 10 个区域内较为广泛的服务需求。为了确定潜在的合作伙伴和合作领域，其列举了所有利益相关者的清单。调查最后确定了需求迫切的非正规住区，并确定了三个重点事项。在每个解决方案中采用参与式社区规划的方法，制订发展和投资计划，并针对卫生、交通和其他问

来源：
Mansoor Ali

联系方式：
Mansoor Ali
International Urban
Programme Manager
Practical Action (ITDG)
Bourton on Dunsmore
Rugby CV23 9QZ, UK
e-mail: mansali@practi-
calaction.org.uk

题制定创新解决方案。此外，这种合作用于协助：

　　□了解城市贫困人口的需求和首要问题；

　　□通过更有效的沟通使城市贫困人口的声音被纳入主流体系之中；

　　□发展可持续的合作关系，以解决诸如土地使用权等问题；

　　□与在该地区工作的贫困人口组织和非政府组织合作；

　　□协助社区进行动员活动，支持当地管理和集体组织；

　　□制订具体的社区计划并将其与区域和城市级规划流程联系起来；

　　□对财政资源进行合理分配，有利于社区优先事项。

　　Kitale 的成果为其他地方提供了类似的方法范本，并循序渐进地消除了限制使用这些方法的障碍。该项目开发并测试了多种通用方法，在社区团体的参与下开展基于邻里的规划。在建立有效的合作关系、邻里规划与选区到城镇层面的联系方面积累了经验。

　　Kitale 的一个重要经验是，Practical Action 机构能够以一种富
48　有想象力和催化作用的方式做出反应，重新调整结构，从而推进战略规划进程。其合作制订的计划使受影响的社区在基础设施和服务规划中发挥更大的作用，从而提高其学习和行动能力，以改善未来工作的条件。扫描调查、利益相关者的清单和其他参与方法等技术的使用，再次强调了第 4 章讨论的沟通、谈判和调解技巧的重要性。虽然专业培训和行政结构可以将想法分门别类，但与低收入社区合作的重点应该是以综合的方式思考和行动、发展和分享通用的技能。

5.3 领导能力和愿景销售

领导能力很重要。一位优秀的领导者倾向于发现机遇，并将其他人引导到探索这些机遇的道路上。在推销愿景和行动方面上，领导者不会让其他人单独行动，而是并肩作战，通过积极的榜样作用来激发创意。领导技巧涉及通过对话和讨论产生战略思想。综上所述，有成效的领导者要有能力了解其成员的看法和期待，建立共识，并培养共同的目标。

领导存在于所有层级和所有部门。非常重要的一点是，出于战略目的的需要，促进领导者之间的联盟并将其能力综合起来，以在特定的环境中予以理解、分析并进行动员。

如果对愿景产生分歧，领导力往往就变得尤其重要。案例研究 15 显示了领导力如何在实践中发挥作用，即使面对根深蒂固的偏见。

《《《《《 **案例研究 15：保加利亚**

帮助消除学校中的隔离现象的领导力和前景

在中欧和东欧存在对罗姆族群和社区普遍的歧视、隔离和敌视现象。在保加利亚，与许多该地区的国家一样，这些情绪一直反映在公共教育中。绝大多数罗姆儿童就读于实行种族隔离的学校。为了解决这个长期存在的问题，由罗姆人主导的组织（Drom）与在布达佩斯的罗姆人参与计划（RPP）合作，开展由罗姆非政府组织牵头的具有较高影响力的反学校隔离运动。

这项工作始于 2000 年。它的特征是具有强大的地方和国际领导力。该项目意图在维丁（Vidin）的地方层面发展一个实践性较好的模式以作为例子，表明融合的可行性。为到达这个层次，

49

来源:

Bernard Rorke

联系方式:

Bernard Rorke
Director
Roma Participation
Programme
Open Society Institute
H-1051 Budapest
Hungary
Tel: +361 327 3858 e-mail:
brorke@osi.hu

Rumyan Russinov
Deputy Director
Roma Education Fund
H-1056 Budapest
Váci.u 63
Hungary
Tel: +361 235-8030
e-mail: info@romaeduca-
tionfund.org

Donka Panajotova
Director
NGO 'Organization Drom'
Vidin 3700
k/s 'Saedinenie', bl.4, parter
Bulgaria
Tel: +359 94 606 209
e-mail:
organization_drom@lycos.c
om

其进行了密集的准备工作，设定了废除种族隔离的目标。其中包括与教育主任、学校教学人员、罗姆人和非罗姆人社区代表进行的圆桌讨论、公开辩论和广泛的媒体报道，以使该过程完全透明。为了成功地进行融合，以及确保学校提供友好的环境，培养共识很重要。在这一阶段中，罗姆父母、主流学校的工作人员和董事之间建立的伙伴关系使这个工作被巩固和合法。

在随后阶段，该项目的领导倡导复制维丁模式，并建立国内和国际的支持联盟，倡导实质性的政府改革以解决隔离问题。反种族隔离运动是由罗姆人领导的，致力于保证罗姆父母的权利，使他们能对孩子的未来做出更明智的选择。这些运动非常公开并实际地批判了"罗姆人不重视教育"的成见。

继在维丁的第一个试点项目落实后，RPP 资助了保加利亚的项目，其涉及 8 个城市、2500 多名儿童，并使正在进行隔离教育的儿童有显著的进步。2001 年，时任总统彼得·史托亚诺夫完全支持维丁倡议，并希望很快能让"维丁的经验在保加利亚其他地区广为推广"。

社区通过努力提供的社会支持比快速扩展的维丁模式更加让人惊叹。社会工作者访问了每个有学龄儿童的罗姆家庭。为那些需要帮助的儿童提供辅导员。教师们接受特殊的培训。需要食物或衣服的家庭能得到援助。罗姆儿童和非罗姆儿童能一起参加郊游、社交和文化体验活动。

维丁倡议中的领导力和愿景至关重要。Rumyan Russinov 和 Donka Panajotova 是这个方面的关键人物。早在有人想到罗姆隔离问题之前，2000～2005 年的 RPP 领导人 Russinov 就开始了这个运动。他的领导联盟罗姆非政府组织和支持罗姆人组织，成功让保加利亚政府参与其中，并且保加利亚于 1999 年 4 月通过了公平机会方案纲要（Framework Program for Equal Opportunities）。

（版权所有：Organisation 'Drom' -Vidin）

保加利亚政府的承诺为民间社会组织的倡议和罗姆人领导的 50 宣传工作提供了机会。Russinov 通过坚持不懈的努力，成功地将废除学校的种族隔离制度提到公共议程上，并带头将这个问题国际化。重要的是，在国家层面上，他具有认可度和信誉，可以联合罗姆非政府组织、教育专家和人权活动家。Russinov 还具备与其他利益相关者进行沟通和谈判的技巧，促使地方和中央政府进行对话。

在地区层级上，Drom 的领导人、前教师 Panajotova 利用她在教育方面的成熟经验、个人魅力、管理和激励的技能组成了一个团队，以分享她对该项目的开发热情。她在具体实际工作之中的专业性，以及教育系统中的人脉，结合她在非政府组织中的经验，还有她的智慧、想象力，以及慷慨精神，对于动员志同道合的伙伴，在持有疑虑的罗姆、非罗姆社区中进行学校反种族隔离的宣传有重要的作用。

这是一个关于战略性领导力的例子，它所阐明的关键技能之一是包容性愿景。废除种族隔离的愿景必须得到发展、倡导、解释、重复和捍卫。领导力技能的一部分是成为拥护者和倡导者，同时使其具备一定权力。魅力固然重要，但魅力取决于合理度、可信度和相关宣传活动。这些因素又取决于与他人联系的能力，同时也要倾听他人并向其学习。愿景也平衡信心、抱负、机会和冒险的关系，领导者必须始终扎根于现实，并意识到限制因素。

5.4 总结

如果要使聚居区更具可持续性，战略性行动就很重要。任何层次的政府和任何级别的机构，无论在哪个层面，做出的努力要是南辕北辙就注定会失败，浪费稀缺资源。然而，这些情况并不罕见。在许多国家，当孩子们离开学校回家，学校一般会关门；健康专家专注于治病，而不是教育人们如何预防疾病；警方追查罪犯，却很少与社群的其他人联系。专业组织和政府部门往往只看到一个方面，很少看到整体情况。因此，包容性愿景、倡导和联合思考等通用技能一直是缺乏的。

要取得成功，战略规划和行动不能是自上而下的单向过程。与城市贫困人口相关的战略进程越多，参与其中的专家就越会以整体和综合的方式思考与学习技能。

关键信息

□战略行动要体现社区和利益相关者的理念，这需要一定的技巧。他们是行动实施的关键。

　　□横向和纵向的一体化会维持并实现愿景；若是缺乏支 　51
持，冲突的优先事项，则政策之间在时间和/或空间上的不
一致将会削弱战略的效果。

　　□领导人和领导能力对于愿景的发展和分享非常重要。

———
6
———

管　理

　　规划是管理的一部分，管理也是规划的一部分，因此，参与规划的人员，无论是专业人员还是非专业人员，都需要管理技能。

　　过去十年来，大体上来说，有一些对公共行政进行改革的尝试。这种管理活动通常被称为新公共管理，它主张市场测试、公共服务外包和私有化、回收全部成本（这可能会将穷人排除在外）、内部竞争等，因此引起争议。然而，提高规划管理技能并不需要支持这一议程，例如，"市场化"和内部竞争往往会破坏服务提供活动，构建阻碍一体化和对整体理解的框架可能会对可持续性发展不利。在公共服务改革中占据重要地位的其他方面，与对这里正在倡导的计划的重新理解是一致的，例如，权力下放，与非政府组织的公民建立伙伴关系以及进行战略规划和展望。

　　本章旨在揭示在必须解决贫困城市化问题的条件下，可持续发展规划的重要组成部分的一些管理技能和挑战。管理就要对资源的使用负责，即时间、财产、人员，还包括预算。本章首先探讨如何管理预算才能对城市贫困人口负责。然后介绍伙伴关系和伙伴关系技巧，以及团队合作。为了将可持续发展和减贫作为许多国家计划的核心，进行彻底改变十分必要。管理活动的变化涉及哪些技能？今后要做的是如何将这些议程变为主要趋势。

6.1 管理和评估预算

预算和资源分配是实施计划和政策的基础。问责制和透明度也是如此。然而，这些往往可能是相当隐秘的过程，埋藏在少数人的资产负债表干预统计中。

让不同参与者参与资源管理是确保他们的声音在整个发展政策和计划实施过程中得到认同和考虑的有效方式。在倡导者和地方管理层面，当地社区在获得资助和决定活动的举办者中有发言权，就像对地方需求做出反应一样。事实上，在大多数低收入和中等收入国家的城市的所有家庭和社区及它们所包含的基础设施和服务中，有相当一部分是由低收入群体与其社区组织、建设及管理的。然而，通常缺乏适当的资金制度和技术来支持这一点。

巴西有一些增加地方政府责任的有名的例子。参与式预算的实践最初在阿雷格里港开展，该计划允许各区的公民议会确定城市收入使用的优先程度。参与式预算让以前被排除在外的团体决定其社区的投资重点，并监督政府的行为。巴西的许多城市经验表明，这种方法可以使对扶贫的支出"更有效"和更好地发挥地方政府的作用。

由中央或地方政府建立，国际机构抑或是私人参与且直接引导资源的地方管理基金或地方机构，也可以成为支持地方倡议的有效方式。它将决策过程和大部分行政和交易成本转移到倡导、管理中。从那里，使用当地具有知识的人员网来检查提案并监控其实施变得更容易、更迅速、更便宜。

当地管理活动和管理资金也意味着提高灵活性和及时性，以应对当地发生的变化。它允许对地方一级的预期受益者进行更多的问责。反过来说，这些人也被诱导贡献自己的资源，并确保收取使用费和税收。事实上，许多涉及有组织的社区和民间社会团体积极参与的方法已经表明，其在正规计划系统之外筹集资源方面真正有效。案例研究 16 表明下放预算权力对于减贫有效。

《《《《《 案例研究 16：印度

弥补地方一级的财政缺口，以便在城市发展中
实施有效的社区主导解决方案

社区领导的基础设施融资机制（CLIFF）从 2002 年开始成为一个试点项目。这是一个由捐助者资助的计划，旨在向城市贫困人口代表组织提供直接支持，帮助其在城市层面与市政当局和私营部门一起实施由社区推动的基础设施、住房和城市服务方面的新方案。

图　孟买住宅的厕所与浴室

（版权所有：Patrick Wakely）

城市贫困人口代表组织正在管理贫民区，重新改造和建设基础设施，但是，目前缺乏可以启动大型项目的中期贷款。商业银行不喜欢向不具有常规担保形式的组织借贷。像大多数城市官员、当地政治家及开发商一样，其对成功主导社区的过程缺乏信心。

CLIFF 将官方组织直接引入贫民区和路面居民组织，以吸引和

管理大型资本，并将其用于一系列可开发、实施和管理的项目中。

这些资金由城市联盟集团代表两个主要捐助方进行管理：国际发展部（英国）（DFID）和瑞典国际开发合作署（Sida）。英国国家无家可归非政府组织（NGO）在国际层面协调 CLIFF，并通过其"担保基金"提供资金。

在地方层面，CLIFF 由印度联盟管理，该联盟由四个大型组织组成：全国贫民窟居民联合会（印度）（NSDF），这个网络覆盖 70 多个城市的 65 万个贫困家庭；玛希拉米兰，一个妇女团体；支持非政府组织 SPARC 和 Nirman（一个非营利组织，成为印度当地的 CLIFF 官方执行机构）。CLIFF 向联盟提供不同形式的财务援助。特别的是，它建立了一个财务机制，以过渡性贷款的形式根据需求为联盟提供大量资本。

不断发展的当地社区推动的推广过程，开始与国家自然科学基金会从地方组织和城市贫民联合采取的一系列举措中选择项目，这些项目评价的基础标准由印度国际无家可归者协会联盟和技术咨询小组商定。一旦项目获得批准，CLIFF 将提供一些资金"衔接"贷款，以便在正式金融机构和政府官员开始谈判的同时启动新项目。这些项目被选为"标杆"，以为未来扩大规模和进行扶贫政策变革提供案例。

2005 年 6 月，CLIFF 已经支持了 13 个在印度开展的由社区主导的发展项目，其中许多是联盟过去发起但受到财政问题阻碍的项目。其中 10 个项目围绕住房，3 个项目围绕卫生设施。这些项目使联盟能够战略性地与政府接触，并在市政采购和建筑监管方面更好地使城市贫困人口受益。更重要的是，这些项目允许联盟与政府及私营部门建立新的工作伙伴关系，使解决方案得到认可和尊重。这是通过有效的方法和实践完成的，然后可以在更大范围内进行效仿，范围从定居点到城市甚至全国。

由于 CLIFF 的目标是创造当地可行的解决方案，为城市贫困人口提供可扩展的、可承受的和可交付的住房和基础设施，其中

54

让城市规划真正起作用：方法和技术指南 |

来源:

Malcolm Jack (Homeless
International UK)

联系方式:

Homeless International
Queens House
16 Queens Road
Coventry CV1 3DF
United Kingdom
Tel: +44 (0) 24 76632802
Fax: +44 (0) 24 76632911
Website:
http://www.homeless-interna-
tional.org

SPARC (the Society for the
Promotion of Area Resource
Centre)
PO Box 9389
Bhulabhai Desai Road
Mumbai 400 026
India
Tel: +91 22 2386 5053 / +91
22 2385 8785
Fax: +91 22 2388 7566
e-mail: admin@sparcindia.org
/ sparc@vsnl.in

一个计划目标是帮助联盟利用来自其他外部资源的资金并转让金融股份。项目是根据收入规划的，允许为偿还贷款进行融资，例如，项目可以用来为地方和中央政府发放补贴或进行合同付款。另外，从住宅单位、商业空间或地块的销售中也可以获得额外收入。

CLIFF 贷款融资和支持补助金用于确保社区可以开始项目工作并使其能够在一定阶段发展，然后才能从政府或其他来源获得项目收入。这笔初始资本也是为了帮助联盟应对政府合作伙伴的拖延筹资和延期付款行为（联盟拒绝为任何贿赂行为进行支付！）。在某些情况下，它有助于直接从地方当局影响土地和基础设施建设项目。截至 2005 年 6 月，分配给 CLIFF 的资金超过 500 万英镑，预计将为 13 个项目带来超过 2500 万英镑的收入。

该联盟还设法与正规金融机构进行贷款融资谈判，并利用 CLIFF 与私人承包商的谈判预先融资，私人承包商需要投入自己的资金，并分担与该项目相关的一些风险。当地方当局接受新策略并愿意与城市贫困人口组织合作时，CLIFF 也能最有效地发挥作用。在金融市场得到充分发展的情况下，它也可以发挥最佳作用，使银行和其他金融机构能够就向城市贫困人口提供金融服务进行对话。

本案例研究说明如何利用财务管理和预算技术为城市贫困人口提供便利。这些技能是开发城市发展创造性和可持续解决方案所需能力的一部分。这些方案能够满足贫困人口的需求，并加强他们与参与城市发展的其他参与者的关系。

然而，正如案例研究表明，这些技术对其他案例具有辅助理解作用。谈判同样重要。另一项技能是提高项目推广的能力，使其可以被效仿并提供更广泛的收益。最后但并非最不重要的是网络技巧、团队合作和伙伴关系。

6.2 建立和维持伙伴关系

公共管理的新方向日益强调与私营企业抑或是民间社会组织及非政府行为体建立伙伴关系，提供发展城市基础设施的服务，以及重视合同管理的重要性。伙伴关系是克服资金缺乏和整合现有城市发展资源的有效手段。通过让不同的参与者参与到开发过程中，合作伙伴有更大的潜力提供"响应"不同方的需求和利益的可持续的解决方案。 55

如果计划有利于贫困人口，那么边缘化群体必须在伙伴关系表上占有一席之地，如案例研究 17。

《《《《《《 案例研究 17：玻利维亚

合作提供更高效、更实惠的供水服务

玻利维亚科恰班巴的全民用水（Agua para Todos）倡议描述了在市政当局和联合国开发计划署（UNDP）的支持下，市政水务公司、私人财团、当地社区和非营利基金会如何加入企业合作关系，以使居民获得负担得起的水。

由当地管理的供水系统在玻利维亚很常见，特别是在农村和城郊地区，该国54%的供水系统由委员会管理，25%由合作社管理，11%由各市管理，其余由其他组织，包括私营公司管理。尽管国家权力下放得到地方政府的政策承认，但地方管理的供水系统并不适合纳入国家水和卫生政策及计划，尤其是在城市边缘地区层面。

（版权所有：Agua Tuya）　　　　　　（版权所有：Agua Tuya）

在科恰班巴郊区，市政供水公司（SEMAPA）缺乏建立二级配水管网的资金，导致数百个住房没有主要供水系统。作为回应，当地社区组织自己的水利委员会启动建立自己的供水系统。水计划（The Agua Tuya）由一家"私营制造和分销联"（Plastioforte）发起，为水利委员会提供服务，由公共水务公司自主运作。尽管科恰班巴有大量活动，但供水能力仍然存在不协调和效率低下问题，并面临由于人口增长带来压力的风险。

Agua para Todos 试图倡议以创新伙伴关系模式加入此行动。主要想法是克服缺乏协调性以提高效率，并结合相关人员资源，避免建立新的二级供水连接系统以降低消费者用水的高昂成本。在 Agua para Todos 合作伙伴关系中，Agua Tuya 代表水利委员会建立了二次供水系统，同时与市政供水公司（SEMAPA）协调，如确认该计划在哪里引导主要供水管道。非政府组织 CIDRE 和 Pro Habitat 基金会向每个水利委员会提供贷款以

来源:

Gustavo Heredia

联系方式:

Gustavo Heredia
DirectorPrograma Agua
Tuya
Casilla 6264
Cochabamba
Bolivia
Tel: +591 4 424 5193
Fax: +591 4 411 6592
Mob: +591 707 10321

Website:
http://aguatuya.com

e-mail:
gustavoh@aguatuya.com
gustavoh@grupoforte.net

资助其建设。每个系统旨在为 100～500 个家庭提供一个主要的入水口。SEMAPA 可以将其网络延伸到这些连接点，并采取与水利委员会直接签订合同的方式而不是单独与每个家庭签订合同。创建综合需求网络有助于降低用户的最终用水成本。

2005 年 3 月以后的一年中，其已经建成了 7 套系统，使 5000 多人受益，并将水的单位成本削减了一半。事实上，一旦市政供水系统将这个子网连接到主管道，成本就将进一步降低，即为原来每立方米价格的 1/10。该项目计划提供 17000 个连接点，未来五年内为 85000 人提供服务。

支撑合作伙伴关系成功的重要技能，是每个合作组织的协调努力和协同合作的意愿。协调主要是双向的，因为合作伙伴将在需求的基础上分别对接。虽然这种方法运作得很好，但随着项目规模的扩大，它可能变得低效和耗时。此外，还需要建立更多的机构化机制，以保持合作伙伴之间良好的沟通和合作水平。

尽管缺乏正式的体系，但高度透明对维持合作伙伴关系至关重要，要保持不同组织的积极性并愿意共同应对与项目相关的挑战。例如，Agua Tuya 在这方面扮演了主要角色，其建立了一个在线小组，成员可以阅读并评论进展抑或是任何问题。网站和新活动计划的起草为讨论、准备、反馈和修改留下了足够的空间。

社区通过积极参与决策、融资，提供管理服务，获得了有力的地方所有权。在所有系统中，基础设施是由用户参与构建的，在大多数情况下，这些用户贡献了人力和财力。这就解释了为什么居民认为自己是"权利拥有者"，而不是水利系统的使用者，他们有权决定如何管理水供应系统。此外，民间社会组织参与该项目，在一个通常以混乱和缺乏协调为特点的地区发挥了强有力的社会政治稳定作用。

合伙人在合伙企业的参与也受到培训和能力建设活动的支持。Agua Tuya/Plastioforte 和 Pro Habitat 在施工过程中为管理结构提供了有关设计其系统操作和实施相关计划的后援支持和指导。

就管道工工作而言，每个社区至少为一个人提供系统操作和维护的在职培训，安装过程中的一个月的实践培训随后在 Plastioforte 工厂进行，之后经过相关认证，其将成为合格水电工。一旦系统完成，水利委员会会给予一些后续培训和支持。

Agua Para Todos 计划展示了成功的管理伙伴关系发展的主要因素，利益相关者对共同目标的努力和承诺是至关重要的。合作伙伴之间的沟通和透明度提高了伙伴关系的可持续性。同样值得注意的是，培训和技能的发展已经融入这个项目中。

57

在这个基于创新的合作项目中，经纪、协调和项目管理的技能是显而易见的。评估技能也通过测量所提供的水服务范围和质量来量化项目的有效性。在结果中，重要的是大幅度降低成本。这种节约方式使水更实惠，从而帮助贫困人口，并且实施提高效率的措施。以适当的方式监控和衡量效率的能力在任何资源使用过程中都很重要。

6.3 变更管理

倡导能够产生可持续变化的过程仍然是主要的挑战之一。扩大规模不仅是一个定量的过程，而且它还需要改变所提供的解决方案的质量和实现它们的实践目的。解决城市贫困问题是一个多部门任务，需要在不同层次的参与者之间进行持续的合作和协调。

在项目层面，需要采取行动来改善环境，从而改善贫困人口的物质生活条件，同时促进社会发展（涉及教育、文化、卫生、休闲等方面），以长远的眼光来看待贫困的原因和后果。

在政策层面，部门之间的协调包括联合决策制定、促进政策和计划的共同发展以及对项目进行合作管理。这可能涉及中央和市级政府的不同部门、私人利益相关者和公民社会，对直接受计划影响的社区具有特殊的代表性。高水平的合作需要一种制度框

架和机制，允许所有团体参与并采取行动，使计划能够有效地触
发超越项目层面的变化过程。

案例研究 18 突出持续的合作和包容整个实施过程，直接参 58
与社区活动，涉及影响他们自身行动的管理组织的重要性，以有
效的方式从其技能和资源中受益。

《《《《《 **案例研究 18：巴西**

在城市范围内发起包容性进程

里约热内卢的特点是对正式城市和贫民区进行划分，这影响
了居民的生活：从卫生、教育、交通和安全到保障就业和对资源
分配以及对政策的影响。"贫民区的邻里"（Favela Bairro）是一
个城市层面的贫民区改造项目，由里约热内卢市政府于 1994 年

图　Favela Bairro，Andarai，Rio de Janeiro

（版权所有：Alberto Lopez）

更多信息请参见：

Brakarz, J., Greene, M. and Rojas, E. (2002) Cities for All: Recent Experiences with Neighborhood Upgrading Programs, Inter-American Development Bank, Washington DC.

Fiori, J., Ramirez, R. and Riley, E. (2000) Urban Poverty Alleviation Through Environmental Upgrading in Rio de Janeiro: Favela Bairro, DPU Research Report R7343, Development Planning Unit, London.

Fiori, J., Riley, E. and Ramirez, R. (2004) 'Melhoria física e integração social no Rio de Janeiro: O caso do Favela Bairro, Brasil Urbano, MAUAD, Rio de Janeiro.

Websites:
IDB website with links to reports on Favela Bairro:
http://www.idb.org

Rio de Janeiro municipal government website on the Favela Bairro programme:
http://www.fau.ufrj.br/prou rb/cidades/favela/frames.ht ml

http://www.rio.rj.gov.br/hab itacao/

59

启动，在美洲开发银行的支持下，解决了里约热内卢违章聚居区在正式城市的物质和社会融合方面的问题。里约热内卢的每一个中型贫民区改造项目的目标不仅涉及改善城市贫困人口的生活条件，而且要启动一个更长期的城市一体化进程，将贫民区改造成里约热内卢社区，将其居民变成里约热内卢公民。

Favela Bairro 通过一种综合的方法解决了这个问题，试图为贫民区提供与城市其他地方相似的服务和基础设施。通过对基本卫生设施和循环系统的实际化来补充或建设基本的城市基础设施，使人们和车辆自由流动（在可能的情况下），以使其更好地获得公共服务。与此同时，该项目引入了正式的城市标志，如道路、广场等，以及从日托中心、成人教育、就业培训到保障土地使用权的建议，以支持对贫民区的"社会包容"。其基本思想是，"向外界开放贫民区，以及建立新的公共空间，将改变政府与当地社区的关系，并在城市层面引发变革"。通过这种方式，城市一体化作为综合社会包容的工具而得到推广。

Favela Bairro 成功的关键是它的多部门角色，在于满足城市贫困人口的相关需求，它的实施规模大到足以把整个城市纳入其中。

在项目层面，该项目旨在促进基础设施升级和社会发展计划，对城市贫困的不同方面产生影响，但在实践中，后者往往以牺牲前者为代价。每一个解决方案都涉及许多不同的角色：从建筑师和私人建筑公司到非政府组织和许多市政部门。尽管范围是有限的，受益者也被邀请参与整个项目。

在政策层面，贫民区项目比以往在里约热内卢实施的任何非常规住房项目涉及更多的市政部门和公共部门。里约热内卢市政府很快就具备了与大量行动者保持联络、签订合同和谈判的技能。这是在不同程度的成功行动中获得的，因为管理与建筑公司的合同所需要的技能与建筑师、社区团体和敌对贩毒者打交道所需要的技能相去甚远。

里约热内卢市政府的这些技能并不是为促进和接受参与而准备的。它未能将决策权下放给一些行动者，尤其是代表贫民区社区利益的社区组织和非政府组织。贫民区居民的参与，建立在由里约热内卢市政府定义的自上而下的结构中。没有任何机制可以系统地确定哪些最脆弱的居民在特定的聚居区内，并评估他们的具体需求。此外，如果一些市政部门的参与者更充分地参与其中，就可以更有效地解决更大范围的需求问题。因此，对于该计划的控制主要掌握在里约热内卢市政府手中。

缺乏保障不同参与者之间多部门合作的体制机制，包括确保贫民区社区积极参与的必要机制，可能是破坏 Favela Bairro 本身连续性的主要因素之一，因为它无法应对随时间流逝"民意抵制政治的波动"和情绪变化。2000 年，新当选的市长放慢了该计划的速度。自 2004 年最新的市政选举以来，它似乎再次获得了越来越多的关注和政治承诺，但在一个完全不同的背景下，已丧失大部分的公众和政府支持。与毒品贩运相关的暴力行为不断增加，对公众舆论与贫民区产生了负面影响。其中的居民仍然与里约热内卢的形式上的生活和政治舞台"隔离"。

Favela Bairro 经验表明，适当和制度化的决策和管理权下放是必要的，以影响解决水平以及城市层面的活动，并有可能以一种可持续的方式触发社会包容的真正过程。横向上，执行者之间需要多部门协调，但也需要纵向联系，直至公民社会层面。

简而言之，这个雄心勃勃的"贫民区的邻里"项目陷入了困境，协调比交付更容易。如果存在重大的制度差异和政治承诺的摇摆不定，团队合作就不太可能发挥作用。在不同的背景下，在不同的领域和不同的议程中——公共、私人、非政府组织、社区和学术组织——进行"共同思考"通常是困难的。如果没有协调一致的合作，实现多目标城市的重建就是困难的，如果可能的话，大量的资金就可以被投入不同的项目，而不产生期望和持久的结果。案例研究 19 描述了另一种涉及规划活动的尝试。

《《《《《 案例研究 19：尼日利亚

尼日尔三角洲综合发展战略的动态规划

动态规划的概念是由一家规划咨询公司提出的，并被应用于尼日利亚的尼日尔三角洲地区。这个名字反映了对变革的关注，这是由利益相关者和计划者之间的动态关系带来的，在协商研讨会上探索，以及变更管理的动态计划，包括交付和适应新现象的能力。各种各样的工具和技术改编自 4 种博弈和其他交互技术，这些技术已经发展出了参与式情景——写作和"理性选择理论"，并适用于规划制造过程中的每一个阶段。

首先，这个过程始于咨询，而咨询是集中和结构化的，在公共、私人、非政府组织和社区部门中扮演主要角色的参与者被要求定义"问题"（谁受影响、谁受益等），然后用其相互关联的问题的根源来绘制图表。这个由计划者管理的练习，被证明是非常有效的，在小组成员之间建立了新的知识和相互理解。它产生了整合各种干预措施的可能。

其次，对潜在的策略变化进行探索，而不应该只是一味地遵从一体化的提议。将各种干预措施整合到一个连贯的策略中，需要着眼于变化的过程，比如，如何利用有效资源影响未来活动和发展趋势？如何将这些活动同大脑进行联系？教育家、公共交通提供者、警察、土地使用规划师，或者房屋建造者，将采取什么行动，以影响某个社会经济群体返回市中心居住？

在不同的干预措施之间进行选择也与流程和利益相关者相关。对这些选项进行评估，以判断它们的可行性及其影响力，即未来发生变化的可能性，已与"积极的利益相关者"讨论，其决定和行动都会受到影响。影响是接收者在整个过程中所经历的变化，其将从实施的每一个步骤中产生，而不仅仅是"最终结果"。总而言之，所有积极的因素与利益相关者的共同努力有助于描绘可能产生的影响的总体图景。这种方法不仅可以展现预期目标，而且还能揭示有益或有害的可预见的副作用，从而使可持续性计划和开发过程成为一个连续的过程。

来源:

Dalia Lichfield

联系方式:

Dalia Lichfield
Lichfield Planning
51 Chalton Street
London NW1 1HY
e-mail: d.lichfield@lichfield-planning.co.uk
Website: www.lichfield-planning.co.uk

综合规划是"变革管理"，需要几个预期或"情景构建"技能和技术。其中的关键是能够将环境视为一种多维的交互集，不同集合涉及的群众有不同的观点和规则，并且知道如何在不被边缘化的情况下解决所有问题，除非它们是普遍存在社会不可接受的——这是一项艰巨的任务！

变革管理还需要能力建设。第一次选举市政府是任何标准的变化。然而，案例研究 20 表明，莫桑比克（Mozambique）很快意识到，要使权力下放取得成功，就必须在社区一级建立新的体制结构，以促进政府与民间社会组织之间的对话。

61

《《《《《 案例研究 20：莫桑比克

改善栋多（Dondo）的市政管理

1998 年，在莫桑比克举行的第一次市政选举基于一种新的权力下放的法律框架，目的在于改善栋多的市政管理。栋多市位于索法拉省，是 33 个选择市议会和首府的城市之一。尽管政府有意让市民参与城市发展，但社区参与和地方发展的制度框架和机制并不存在。

来源：

Hemma Tengler (member of the Dondo programme team)
Josef Pampalk (member of the Dondo programme team)

1996 年，栋多的非政府组织已经表达了对公民社会增强意识和能力建设的需要，因为公民对其在城市治理和发展中的角色缺乏了解。这一需求被纳入公民社会组织参与市政治理项目的设计中，该项目与奥地利合作机构成功地进行了谈判。这个项目在当时是一个国家的"先驱"，在法律和政治背景下，社区参与决策的过程尚未制度化，只能被勉强接受。它的目的是通过积极行动让社区与

其利益相关者参与制定，以及实施发展措施，使城市治理可持续发展。如果没有这一持续的工作，那么这是不可能实现的。这对于进行人民动员和提高参与 8 个栋多乡镇行动的能力至关重要。

项目的第一阶段是在栋多的 bairros 开展的一项针对居民活动家和公民教育运动的培训项目。大约有 1/3 的家庭在访问时被告知在当地政府信息系统中所扮演的角色，以及当地基础设施的数据，然后被纳入 bairros 档案中，并在社区会议上被展示。正是在这些会议上，每一个 bairro 参与者都选出了其代表，这是乡镇发展委员会（NDB）开始活动的标志。

下一步是让 bairros 根据调查中所确认的需求，分别制订一个短期、中期和长期发展计划，并得到当地居民的批准。在他们的阐述中传递的一项重要技能是：有能力进行战略性思考和优先排序。bairros 的概况和发展计划被提交给市议会，在 1999 年 7 月的一个为期 3 天的规划研讨会上，议会同意将社区计划纳入城市发展规划。

在 1999 年下半年，NDB 着手处理基于这些计划的不同社会基础设施项目的实施活动。在 bairros，有一个项目使用当地资源，另有一个利用外部捐助者的资金，也有利用来自社区的贡献。这要求活动人士和 NDB 成员了解 bairros 居民的动机。NDB 在 2000 年开展了三个教育活动（改善城市环境、女童

联系方式：

Members of the Dondo programme team:
c/o. Projecto DEC/CDS
Rua Major Serpa Pinto
Nº2000, 2ºandar
C.P. 69, Beira, Mozambique

Hemma Tengler
Tel: +258-82-6015670
e-mail:
hemmatengler@teledata.mz

Carlos Roque
Tel: +258-82-4072590
e-mail:
Carlosroquecr@yahoo.com.
br

Josef Pampalk
Tel: +43-650-937 0427
e-mail:
josef.pampalk@gmx.at

Local Government and Civil
Society actors involved in
the Dondo initiative:

Manuel Cambezo
Presidente do Conselho
Municipal do Dondo
Mozambique
Tel: +258-23-950409

José Louis Tesoura
Núcleo de Desenvolvimento
da Cidade de Dondo and
Núcleos de
Desenvolvimento dos
Bairros (representatives of
the local communities)
Rua 25 de Setembro
Dondo, Mozambique.
Tel/Fax: +258-82-8001890

Paula Cristina de Oliveira
Tavares Morreira
FUMASO (local NGO
partner in the implemen-
tation of community
development projects)
Centro Comunitário no
Bairro Macharote
Dondo, Mozambique
Tel: +258-82-5650640

62

教育和公共卫生活动），并积极参与社区活动。从项目的第三个阶段开始，NDB 获得参与式规划过程的所有权，并邀请其他利益相关方成立了一个市政发展委员会，该委员会将在接下来的几年里积极参与到预算活动中。

多年来，NDB 的"先驱"经验对地方治理在全国范围内的发展产生了积极的影响，因为之前公民代表（至少是咨询代表）在 120 个地区和 33 个市议会中具有强制性，这是第一个在市议会通过选举产生的。在社区层面建立和巩固一个新的机构（类似于市政发展委员会）和促进政府与公民社会之间的对话，使政府对以社区为基础的行动的态度发生了积极的变化。公民代表现在被包括在一个协商过程中，地方层面的技术资源的使用和分配变得更加尊重社区的需要和优先事项，政府和公民社会之间的整体协调情况也得到了显著的改善。通过能力建设活动，越来越多的公民代表扮演好他们相应的角色，以确保地方层面资源的分配和使用上透明化。

人们的态度也发生了变化，因为他们学会了发掘自己的潜力和提高自己的信心，有更强的个人意识，更积极地参与改善他们的生活环境，这是整个行动的关键动力。因此，栋多的生活质量和公共卫生状况以可持续的方式得到了改善。

莫桑比克广播电台和当地社区电台的地区性广播节目也很重要。通过传播信息和以第一语言与人们进行互动为提高栋多市政治理的参与度和透明度做出了很大贡献。

63　因此，这项计划成功的关键在于将公民社会的创建活动和培训活动连接起来，同时实施具体的项目，以改善 bairros 的生活条件。然而，莫桑比克公民社会能力建设与政府机构能力建设之间的区别在于，它更有希望在一个互补的过程中协调它们（例如：关于南非一体化发展计划的第 7 项研究）。莫桑比克市政治理体系的未来和可持续性取决于在这两个层面上不断地适应和改进能力建设的努力方式。

这个案例研究表明了改变管理、培训技巧和运用媒体技巧的
重要性。然而，孤立的训练是不可能有效的。正如栋多的例子所
示，管理变革涉及计划和提供培训，同时使用催化行动和项目。
这些项目具有可见性，并证明了生活条件的改善真正在发生。下
放权力和采取有利于贫困人口的立场代表着重大的变化。这些变
化需要由计划应对，由能力建设支持，并需要良好的管理技能。

6.4　制度化和主流

制度化和主流是变革在发展中持续的表现。这意味着实践变
得足够规范和持续，以至于它们等同于"机构"。也就是说，它
们是有规律的、不断重复的，并被接受为正确的做事方式。好的
管理需要创新，然后确保实践中成功的创新变得"制度化"。管
理技巧的一部分是将新的，但重要的关注点和实践从组织的边缘
转移到它的核心业务上，从试点项目到常规实践。

泰国社区组织发展协会（CODI）的发展基于不同政府部
门、大学和私营部门的不同行为者，社区、非政府组织、地
方和中央政府学习新技能并制定新流程，且找到新方法去共
同解决发展和城市贫困问题。案例研究 21 显示，这些技能的
获得和相关实践是在新成立的政府机构 CODI 的保护下逐渐发
展，并制度化的。

《《《《《　**案例研究 21：泰国**

将社区主导的住房和城市扶贫过程纳入主流：
CODI 的 Baan Mankong 的发展

由泰国政府于 2003 年发起，并通过 CODI 实施的 Baan Man-
kong（"安全住房"项目）5 年内在泰国 200 个城市为 2000 个贫

困社区的 30 万名贫困人口提供了住房以实现生活和终身保障的目标。该项目的运作方法不同于传统方法，政府资金以基础设施补贴的形式提供，住房贷款直接面向贫困社区的组织抑或是其网络。只要有可能，以便他们与城市当局计划并改善住房环境和基本服务，且与城市管理当局、国家机构和当地其他行动者协同开发城市范围内的升级项目。

城市社区发展办公室（UCDO）是 1992 年由泰国政府设立的，目的是解决城市的贫困问题。从一开始，UCDO 就试图将不同的利益集团聚集在一起——董事会由高级政府职员、学者和社区代表组成。这对于 UCDO 的承认是非常重要的，因为支持贫困的发展方式、低收入群体和国家之间的关系必须被改变。

64

最初，以社区为基础的储蓄和贷款集团可以获得贷款，用于创收、周转资金、建造并改善住房。然而，随着与 UCDO 合作的储蓄团体变得越来越庞大，它决定通过向社区网络提供贷款来解决规模扩大的问题，随后向其会员组织提供贷款。这些社区网络对于支持全市范围内的升级项目具有特别重要的意义，这些项目如今已成为 Baan Mankong 的一部分。

2000 年，当 UCDO 的工作被纳入 CODI 时，在泰国的 75 个省份中的 53 个建立了 950 个社区储蓄小组。专门设立 Baan Mankong

以支持由低收入家庭及其社区组织、网络设计及管理的流程。这些社区组织和网络与其所在城市的地方政府部门、专业人员、大学和非政府组织合作，调查所有贫困社区，然后在 3～4 年内制订升级计划。一旦计划完成，CODI 将直接向社区提供基础设施补贴和住房贷款。

图　**Charoenchai Nimitmai 改造前：为他们的集体发展释放土地与他们的土地所有者进行小区谈判**

65

图　**Charoenchai Nimitmai 改造后**

让城市规划真正起作用：方法和技术指南 |

更多信息请参见：

Community Development
Fund, Experiences of
UCDO/CODI, presented at
UNCHS meeting in New
York, available from the
Shack Dwellers International
website:
http://www.sdinet.org/repo
rts/r14.htm
Boonyabancha, S. (2003) A
Decade of Change: From
the Urban Community
Development Office
(UCDO) to the Community
Development Institute
(CODI) in Thailand, IIED
Working Paper 12 on
Poverty Reduction in Urban
Areas, International Institute
for Environment and
Development, London
Boonyabancha, S. (2005)
'Baan Mankong: Going to
scale with 'slum' and
squatter upgrading in
Thailand', Environment and
Urbanization, 17 (1),
pp21–46
CODI (2004) CODI Update
4, June, CODI, Bangkok, can
also be downloaded from
the ACHR website:
http://www.achr.net/bann_
mankong.htm

自 1992 年以来，每个计划的升级都建立在 CODI 及其前身 UCDO 支持的社区管理计划基础，以及人们集体管理其需求的能力上。它们是通过什么样的社区发展起来的，如何通过动员和联合形成一个网络来共同工作，并与市政府或省政府进行谈判，以影响发展规划，或者就住房、生计问题获得基本服务？例如，在乌特拉迪特市（Uttardit），这项倡议始于对所有贫民区和违章建筑的调查绘图活动，其确定了土地所有者和那些可以留下来，并需要重新安置的贫民区。这有助于连接社区组织，并开始建立一个由年轻的建筑师、僧侣和市长支持的社区网络。通过不同的技术，如土地共享、原地升级及重新安置，寻求在现有城市结构中找到 1000 个家庭的住房解决方案。此外，其城市住房计划成为 Baan Mankong 的基础，现在其内容涉及基础设施改善、城市重建、运河清理、荒地填海和公园开发。

Baan Mankong 旨在通过在与城市贫困网络设计和管理的全市计划中支持数千个由小区推动的计划来扩大规模，该计划与当地参与者合作。到 2005 年 9 月，415 个城市贫困社区正在采取措施，超过 29054 个家庭加入比计划。在可能的情况下，避免了搬迁，大多数家庭获得了长期的土地保障——例如通过合作所有权或长期租赁给小区或个别家庭。

CODI 的工作是一个政府机构可以积极支持社区驱动，以促进城市发展和减少城市贫困的例子。Baan Mankong 展示了城市管理的不同方面是如何被分散到社区的——从公园到市场维护排水管道、进行固体废物收集和再循环社区福利项目。根据 CODI,

开放更多的空间供人们参与城市发展是城市管理的新前沿真正的权力下放，而贫民区改造，是这种权力下放的有力途径。让发展意味着这些低收入群体参与决策更有利，必须能够拥有所采取的决定并且控制接下来的活动。

Baan Mankong 计划规定的条件尽可能少，为了给予城市贫困社区、网络和各城市的利益相关者设计自己项目的空间。我们面临的挑战是如何支持升级，使城市贫困社区能够领导这一过程，并建立地方伙伴关系，从而使整个城市为确立解决方案做出贡献。

项目必须被看作一个更全面的战略的一部分，由贫困人口来改善生活条件，以及通过他们与当地机构之间的关系，应对他们的一些需求和优先事项。像 Baan Mankong 这样的项目为人们创造了一个空间，让人们可以思考建立一个社区来解决他们的问题，并提供工具和资源，将他们的社会发展和社区福利理念转化为"设施"。通过这种方式，Baan Mankong 正在帮助加快集体化社会进程，这在许多方面改善了安全性和福祉，而不仅维护了实体资产。

66

因此，时间有限的项目经常会失败，团队分散及动力也会消失。项目管理的部分技能是超越项目的最终目标，不仅要管理退出策略，还要将项目的积极特征和实践推向主流，并创建新的"机构"。

6.5 总结

城市发展的管理需要有效地实施决策，包括准备发展计划，制定明确的目标，拟定和管理预算、评估项目，分配责任，建立伙伴关系，进行计划培训，以及授予和管理合同等。良好的管理需要灵活性，以适应不断变化的环境，以及公民客户和利益相关者不断变化的需求和优先事项，同时确保城市服务交付的管理不会受到干扰。

计划本身无法实现可持续和有利于贫困人口的发展，这必须由实施者管理。从长远来看，对消费者的管理过程比最初的计划和发展项目更重要——确保水通过管道建设、道路维护、电力供应、环境保护和固体废物处理得到合理的处理或循环利用。可持续服务交付的基础在于日常的预防性维护和公共资产管理。城市发展计划或政策的决策、管理和行政过程所需要的技能是完全不同的。然而，强调两者之间的联系是很重要的，因为其中一个弱点削弱了效率，并对整个城市的发展产生影响。

关键信息

□管理技能很重要，计划应高效。

67

□管理不仅是高级官员和管理者的一个自上而下的责任。

□管理技能推动了可持续扶贫议程。

□管理技能对于成功实施计划和政策至关重要。

7

监测和学习

规划必须具有响应能力和灵活性，因此需要经常被监督、评估和反思。这是贯穿始终的主题。规划不是线性的。规划关于创新，关于改变。创新来自一个公司或组织内部和外部知识的相互作用过程，通过与客户、用户、利益相关者的讨论来分享和调整想法，这涉及尝试和学习。

因此，如果要在规划更多可持续的聚居区方面取得进展，学习和掌握有效的技能是至关重要的。这些学习活动中的一部分来自在组织或项目中建立的系统，以提出有关目标是否实现（或未实现）的问题。本章首先讨论监测和评估，对此，我们也可以向他人学习，从实践中学习。另外，也需要反思的实践者。

7.1 监测和评估

组织将监测和评估作为衡量业绩和具体成就的工具。监测和评估过程通常涉及加强学习、改进决策和追究参与者的责任。

然而，监测和评估常常被滥用或未被用来发挥其作用。监测和评估具有内在视野和关键性。但是，像其他规划一样，这些过程必须向更广泛的参与者开放。信息必须共享而不是被隐藏，对不同的解释和批评保持开放，而不是被收集然后掩盖。监测和评估通常在某种程度上由参与情境的人处理，而不是由外部参与者处理。此外，在计划干预之前，其间和之后不熟悉情况的"公正"参与者的处理活动更有效。

下面的讨论和案例研究表明，一般的监测和学习可以被纳入计划中，以确保它们成为该领域未来进步的一部分。

《《《《《 案例研究 22：秘鲁

城市生活论坛和主流化的监测和评估

位于利马北部 420 千米的 Nuevo Chimbote 地区，被认为受到钦博特快速增长的影响，该城市的基础设施体系在 20 世纪 70 年代初期被一次地震摧毁。为了应对这一问题，政府计划建立由道路、供水网络和排水系统支撑的房屋，这些区域最初是用于建立公园、花园和其他社交活动场所的。后来，这一房屋的初始规划

（版权所有：Cities for Life Forum）

作用变弱，这座城市以一种无序的方式发展起来，产生了影响当前居民生活质量的问题。据估计，今天近70%的城市人口生活在缺水、污染和受疾病扩散影响的地区。

最近在 Nuevo Chimbote 地区第21项议程的实施意味着，高度参与进程的开始是为了创造可持续的人力发展机会，以及在地方层面上强化向民主阶段过渡的要求。在这一过程中，私人联盟的支持发挥了关键作用。企业机构网络被称为城市生活论坛，该论坛开展了自我诊断的工作，形成了共同的社会经济和环境愿景。为了验证未来的这一共享愿景，其开展了一系列与儿童、青年、妇女，以及公营和私营机构有关的活动，随后这些活动得到当地行动管理者的批准。

来源:

Liliana Miranda

联系方式:

Liliana Miranda
Vargas Machuca 408 San
Antonio Miraflores Lima
Tel/fax: +51-1-2411488,
2425140
e-mail:
lmiranda@ciudad.org.pe
Website: www.ciudad.org.pe

Forurr 城市是秘鲁史无前例的举措，其致力于促进民主实践活动，并通过努力以及结合当地资源，设计一种可持续发展的逻辑：

□ 采用自上而下和自下而上的行动；

□ 社会发展、经济发展和环境管理方式相结合；

□ 以长远的眼光和短期的实际行动，促进规划文化的发展；

□ 在参与式预算的基础上为国家和私营部门获取资金提供渠道，并坚持公共和私人行为者之间共同分担责任的原则。

为了实现这一切，城市生活论坛应促进和加强：

□ 公共参与者和公民社会之间的协调；

69

☐使城市之间达成共识；

☐将地方空间的价值作为发展规划和管理的舞台；

☐各区域之间具有连通性；

☐建立机构间论坛；

☐探索跨学科和跨部门的方法。

　　尽管这些活动在改变该地区的态度和观念方面取得了成功，但仍在努力使政策机制制度化，确保城市生活论坛长期成功。许多非政府组织成员正在努力传播其学到的所有知识，以便对过程和结果进行评估和改进。米兰达（Liliana Miranda）是城市生活论坛的执行董事、非政府组织 Ecociudad 的创始人。她解释，一些通用技能促进了共享监测和评估过程，并将其纳入更广泛的使用活动中。除了具有耐心、毅力、宽容和其他道德，以及必要的技能外，米兰达女士还引用其他人的看法，她将协作、倾听、实用主义，以及接受错误和从错误中吸取教训的能力视为成功的关键因素，这也是一种能带来更高效的结果的监测和评估方式。

　　这个案例研究提出了两个重要的观点。首先，对于令人兴奋的高参与性项目来说，这种现象并不罕见，因为它不考虑正式的评估和系统地进行结构化学习。驱动行动主义的能量可能来自不同的基因，而不是那些要求符合事实，以及以绩效衡量的理性确立的思维方式。其次，尝试将监测和评估作为一个共享的开放过程非常重要。正如米兰达女士所暗示的那样，这需要一些不同的技能，而不是设计一份调查问卷，然后勾选相关内容。用不同的观点和解释进行辩论和对抗，可能会产生一种更深层次的学习形式，而不是更为简单的衡量产出的方法。

70

7.2　向他人学习

"横向"群体交流学习的价值正在得到广泛的认可。不仅如此，它还能有效地以可靠且可接受的方式引入新的想法，而且在成本和直接影响方面也很有效。尽管在文化背景上有差异，但能够在与同龄人比较的情况下讨论不同的经验，比传统的培训方法更有说服力，也更容易被接受。看见并能够直接讨论发展方案和项目的问题，使它们具有难以通过课程和教科书传达的信誉（这就是为什么这个指南为每个案例研究建立了联系）。

以下两个案例研究描述了在不同情况下的团体交流情况，第一个是在北欧地区政策和规划当局层面，第二个是在亚洲和非洲的贫民区非政府组织与贫民区居民联合会之间。

欧洲联盟积极推动区域与市政当局（和其他合作伙伴）通过合作实施包括共同关心项目在内的方案。案例研究 23 说明了如何通过这种合作方式来学习新技能。

《《《《《 **案例研究 23：欧洲**

创新圈

波罗的海地区包括欧洲一些较偏远的农村地区，如瑞典、芬兰和挪威部分地区，波兰、爱沙尼亚、拉脱维亚和立陶宛部分地区的农村地区，以及首都以外的小城镇正在失去那些前往大城市接受高等教育的年轻人，因而他们毕业后就不回家了。这些地区的高等教育设施很少。人口老龄化、人口减少的程度低于年轻人口与许多新来者和外来者增加的速度。衰退的循环是一种真正的风险，失业情况增加和服务的减少加速了人口向外迁移。在人口稀少的小城镇工作的官员很容易感到被孤立。同样地，这些官员在公共服务中度过了他们的工作生涯，由于他们在当地的政府机构几乎没有自主权，他们不太可能拥有当今公共服务所需的技能。

在立陶宛的阿利图斯市（Alytus）政府的领导下，其他12个理事会和公民社会团体，包括一些来自俄罗斯的团体，共同制定了一项关于创新主题的合作学习方案。学习依托项目特别委托的远程学习材料进行，涵盖了竞争力、治理和参与、可持续设计、业务开发和项目管理等主题。有面对面的研讨会，支持发展与阅读相关的技能。最后，还有年轻人的夏令营，他们在那里学习创新技能，更加了解他们家乡和地区的积极特征，以及他们未来的机会。让青年参与活动是该项目的一个重要主题。

（版权所有：Baltic Innovation Group）

来源:

Inese Suija

联系方式:

The Baltic Innovation Group
Website: www.big@baltic-
innovation.lt

参与者的背景各不相同，除了少数人是专业规划师或建筑师之外，还有教师、文化工作者、青年工人、行政人员、政治家，以及一些来自商界的人。他们非常重视创造力、团队合作、计划和良好治理的合作伙伴，他们能够将自己与他人对比，并获得新的想法。一个项目网站也能让人们保持联系，尽管他们住得很远，其能为

71

所有合作伙伴提供资源。

这个项目展示了如何通过跨组织和跨专业的学习，以及应用与合作关系来发展技能。网络汲取成员组织的经验，开发出最适合在具有类似条件和问题的地方采取行动的知识。

案例研究 24 描述了一种交换方法以增强当地基层组织的能力来设计新的开发方案，让市政当局认可他们的工作：从项目到城市，从实践到政策，以提高社区创新水平。

《《《《《 **案例研究 24：棚户区或贫民窟居民国际**

通过社区交流学习

本案例研究考虑了国家城市贫困联合会及其支持的非政府组织的经验，这些非政府组织构成了棚户区或贫民窟居民国际（SDI），以用于社区之间的学习和知识共享。

每一个成员联合会都由当地社区组织组成，其执行储蓄计划，妇女在其中发挥关键作用。联邦政府的主要目标是提高城市贫困社区的应对能力，使其建立强有力的组织，能够明确表达需求和愿望，有能力和信心来设计和管理解决方案，这些解决方案可以使合作伙伴而不是受益者参与发展活动。为了实现这一目标，其开发了一套在社区之间交流的工具，以用于"对等学习"。这由一个城市、一个国家或国际上彼此访问不同社区的成员组成，以交换其对促进发展的想法、经验和方法。

社区交流有很多目的。城市贫困社区在自己的经验基础上传播"知识资本"，例如：如何建立储蓄计划、如何提供和管理贷款、如何收集和管理住户和住房数据，以及如何管理土地，与地方当局建立关系。社区交流也是一种手段，可以将大量的人吸引到一个变革的过程中，支持对当地的反思和分析，使城市贫困人

72

更多信息请参见:

D'Cruz, C. and Mitlin, D. (n.d.) Shack/Slum Dwellers International: One Experience of the Contribution of Membership Organizations to Pro-poor Urban Development, International Institute for Environment and Development (IIED), Institute for Development Policy and Management (IDPM) University of Manchester, downloadable from the IIED website: http://www.iied.org/HS/documents/SDI_membership_orgs05.pdf
Patel, S., Bolnick, J. and Mitlin, D. (n.d.) Sharing Experiences and Changing Lives, document downloadable from: http://www.theinclusivecity.org/resources/research_papers/SharingPaper_main.htm
Shack Dwellers International website: http://www.sdinet.org ; in particular, see the Report 4 'Face to face: A comprehensive detailed discussion of the ideas, practices, and results of horizontal or community-to-community exchanges within the SDI network'.

口能够参与知识创造的过程，并为他们的行动和学习过程提供催化剂。交流使贫困人口能够接触和联合，从而具有集体的视野和集体的力量。他们帮助在那些有共同问题的社区之间建立强有力的个人联系，这给他们提供了一系列选择，并通过谈判向他们保证，他们并不是孤军奋战的。通过与同行的互动，以及对其他贫民区发生的变化过程有更好理解，社区领导人学会了将自己定位为更大规模的开发过程的驱动者。最后，它们会影响那些被邀请加入这些交流的专业人士和政府成员。这为谈判开辟了空间，并鼓励参与城市发展的其他参与者调整他们对贫困人口的观点，以考虑他们已经进行的创新和试验活动。通过促进城市贫困社区与国际的交流，SDI试图向国际机构展示这些交流产生的成果。

纳米比亚的一个社区交流会，来自南非和津巴布韦联合会的参与者，展示了每个组织的经验所产生的学习效果。对于南非人来说，这是一个机会，可以更详细地探讨温得和克的基础设施发展政策，该政策是由纳米比亚市政当局之间的伙伴关系发展起来的。对津巴布韦人来说，这是一种更好地了解联邦内增量发展政策的方式，以及他们支持的非政府组织（关于收容所的对话）。这也证明有机会在小组内探索适当的专业支持策略。对纳米比亚人来说，它提供了一个机会来评估他们在建设基础设施方面的技术优势和弱点。政府组织还获得了更多关于其工作如何被理解的信息，以及如何有效地解决这些问题。

（版权所有：Homeless International）

　　通过社区交流学习的概念的核心是认识到大多数没有通过正规教育的成员具有非常不同的收集和综合知识的方式。他们通过真实的生活经验学到什么是有效的，什么是无效的，这些经验是对集体智慧的总结，而不是由专业人士组织的书面文件、研讨会和教育会议产生的。人，特别是贫困人口所创造的知识构成了他们生存策略的基础。让社区分享和探索这些知识，让贫困人口意识到其可以在发展过程中发挥决定性作用。随着社区之间的联系变得更加紧密，以及随着更多人尝试这种新的学习方式，思想得到完善并付诸实践，使用量也随之增加，复制和适应活动也在发生。

　　社区交流成功的条件是进行交流的社区通过网络或联盟联系在一起。这确保了探索和阐述的解决方案是从社区本身解决贫困的经验中得出的，这对于许多城市贫困社区而言是有意义的，因为这些社区有可能被纳入社区实践活动中。增强领导能力是另一个重要因素，地区和国家的领导者与参与这一过程的社区保持联系，并确保组织和动员社区，从而发挥政治影响力。最后，社区学习过程中很少或根本没有专业干预是很重要的。贫困人口更多地致力于确定解决方案——即使他们需要很长时间——如果他们发现使用他们自己的策略和流程可以实现变革，并且针对他们自己设定的优先事项。

7.3　在实践中学习

即使在交流和国际项目不可行的情况下，也可以从当地实践中学习技能。学习的技能以各种方式和各种来源发生并影响行动。从错误中学习是一种良好的实践！加纳库马西的案例说明了在早期阶段认识和弥补干预计划中存在缺陷的潜在好处。在这种情况下，反思引导规划者远离潜力较小的路径，并开辟一个有更多机会的新路线。通过扩大对其工作的贡献范围，国际水资源管理研究所（IWMI）为其团队增加了不同的经验和知识，并增强了该项目的能力，从而产生了积极的长期影响。此外，通过与当地大学的合作，IWMI 提高了其分析水平和影响力，从更多学术活动方面进行规划。

《《《《《 **案例研究 25：加纳**

库马西的快速城市发展和反思

从有机城市垃圾回收营养物质用于促进农业发展有很大的潜力。在研究利用技术的可能性时，IWMI 的城市农业组织对加纳库马西市的早期估计指出，只有 10% 的主要植物营养物在城市被回收，并且由于堆肥站的众多技术、市场和体制问题，尝试进行食物垃圾回收是有问题的。

为解决这个问题，IWMI 承诺分析整个城乡地区的养分流动情况，并制定循环利用战略，以缩短营养周期并保持城市环境质量。IWMI 工作的初始阶段具有以下特征：

□有足够的有机废物处理堆肥，以及成功的小区参与堆肥站运作的选择。

□大多数感兴趣的农民的支付意愿太低，不足以支付堆肥站的运行成本。因为只有那些支付意愿高于平均水平的农民才能购买堆肥，估计除非提供补贴，否则生产限制（和营养回收利用）将降低到年度堆肥总需求的10%左右。

□那些负担得起堆肥的人大多位于城市周边地区。如果在城市周边的堆肥生产与城市垃圾回收无关，那么补贴是最合理的。在这里，堆肥将更贴近农民，当地将得到大幅度减免优惠，因此用于运输废物的资金也节省了。

尝试在堆肥过程中支持发展决策，并在其后的对话探索机构组成部分制定回收战略之前，IWMI选择研究西部非洲区域现有的堆肥站，以吸取其他项目的经验。很少有堆肥站被发现甚至被认为具有可持续的水平。更重要的是，IWMI发现在体制和财务方面，堆肥站是不可行的。此时，项目负责人意识到其技术方法不能准确地应对城市化挑战，而且主要的农业研究范围过于

（版权所有：IWMI）

狭窄。

为了提高处理能力，IWMI 加强了团队建设，与三所国立大学的 15 个不同部门结成联盟。超过 100 名学生被纳入研究项目并加入 IWMI 研讨会和实地访谈之中。结果是项目协调单位的监测和反馈水平显著提高，项目对新信息做出快速反应的能力也有所提高。

此外，通过在工作中增加大量的投入，IWMI 增强了技术和非技术能力。现在，该团队的一部分成员是具备规划、制度分析、经济学、工程学、参与式研究和环境科学方面资格的研究人员。通过其伙伴关系，让 IWMI 变得越来越具有适应性，并且开放以学习其方法。

一直持续到今天，IWMI 在加纳的工作具有灵活性，并通过好奇心和易于融入新想法的组织框架强化自身。虽然 IWMI 的重点仍然放在回收固体和液体城市垃圾的技术创新上，但 IWMI 将其基于情境和体制意识的研究纳入工作中，从而使研究结果具有更大的相关性和更好的前景。尽管 IWMI 在工作中遇到了许多障碍，但它仍然在持续进步，并进行创造性思考和提高应对变化的能力。

7.4 成为一名反思实践者

在个人层面，监测必须与规划联系以成为一个职业活动，规划者和他们工作的组织的规划相关联。作为一项技能，这意味着要研究从个人的认知和行为中学到什么，以及它们如何与特定的背景或干预联系起来。

规划师必须重新评估"专业知识"的概念，因为它涉及他们的工作，通过看到并承认更多的个人限制和假设，他们必须让他们的客户和同事知道这些限制，以便探索灰色地带，通过协作并且可以开始更直接地解决未回答的问题。唐纳德·舍恩（Donald Schön）在他的"反思实践者"的概念中提出了这个想法。舍恩发现，采取这种"反思"态度的好处是看起来内外兼修，就是

"当一个从业人员成为他自己的实践研究员时，他就会参与到一个持续的自我教育过程"。

在实践中，反思带有与环境背景的紧密联系。思考、学习或合作的时间和灵活性都可能会受到限制，特别是因为在绝大多数情况下，规划专业人员都有责任要求实际结果而不是反思的证据。个人角色必须参照合同、专业行为准则或其他工作准则来管理。在考虑其他义务的同时，规划人员不能忽视这样一个事实，即他们有责任管理自己与他人的关系。在这方面，规划者的自我监督技能可以包括他们自己对工作的质疑，涉及适用于他们的实践或目标的指导方针，以及他们在个人道德方面的行动。

组织可以支持一种反思、道德的方式用于构建透明、灵活和扁平化管理结构。规划机构、个体规划者需要倾听，促进提高领导力，庆祝成功，以一个团队去合作并且重视每个成员，以提供更好的结果。此外，他们必须超越日常工作的范围，寻找与其工作相关的新理论、新方法和实践活动，并成为持久变革的一部分，组织需要表现出愿意保持参与，即使在技术干预中，也需要意识到变化的结构而不是制度可能会产生微乎其微的成果。

知识、经验、假设和限制的整合方式将最终影响干预实现的潜力从而实现变革。在个人和组织层面上进行反思，为规划提供了一种进行更多积极实践和更可行的解决方案的方法。为支持这一概念，以下案例研究是三位规划教育和研究规划师对非政府组织的简要反思。

《《《《《 案例研究 26：在实践中进行反思

教育和研究

英国大学规划中心的主任认为，战略反思是规划师和相关机构需要做的一个关键事情，以使专业活动合法化并使其尽可能接近战略目标。作为一名教育工作者，这意味着借助他通过生活和工作经历，以及次要来源获得的东西，例如通过阅读和讨论，然后将其融入他对学生的教育中，以便它可以传递、挑战或进一步发展。作为一名研究人员，他认为作为反思实践者协助发展研究和让非政府组织、研究中心和其他行为者进行学习是基本的。他举了一个例子说明这样的方法，即他的知识发展和传播中心和伙伴组织在英国、安哥拉和莫桑比克开展的对话和合作学习。他认为情境分析和协作研究发展是技能，是积极主动的专业方法的重要方面。

《《《《《 案例研究 27：在实践中进行反思

顾问 （Consultant）

作为一名大部分时间在海外工作的英国顾问，他认为强调反思的实际意义非常重要。根据他的经验，反思涉及分享和使用个人经验来认识情境的特定特征并获得切实的解决方案。这种基于协作的思考对于规划人员诊断情况和识别规划可能提供的潜在解决方案至关重要。虽然他看到了创新和想象力的价值，但他认为这些想法与许多干预行动中真正发生的事情没有重要的联系。他强调，在时间抑或是客户的压力下，该领域的策划者几乎没有这种宝贵的精神，因此限制了通过研究和分析探索每条途径的选择方法。在高效率和真实地履行义务的过程中，富于想象力意味着专注于做更多的规划者所知道的工作。在这方面，由于当地条件是独特的，因此在将所有涉及的利益相关者的综合知识结合起来时，借鉴经验找到可行解决方案的反思是最有效的。

《《《《《 案例研究 28：在实践中进行反思

非政府组织（NGO）

他在印度南部的海啸灾区——Kanyakumari 地区工作，正在探索日常工作中反思的意义和局限性。作为一家总部设在巴黎的非政府组织的项目经理，他认为反思意味着专业上的谦虚，密切关注专业知识的局限性，探索不同知识，并在适应具体情况的过程中进行调整。然而，在印度，面临时间和援助对象迫切需要建立新家园的压力，反思必须与同事和社区合作，以便潜在的利益暴露出来，将相关经验纳入规划行动，并提供可行、前瞻性的解决方案。在他处理灾难恢复的经验中，他发现反思的好处是巨大的。重建工作的参与者更重视结果，并更快地适应当地情况。此外，他认为通过反思，在库马里实施的解决方案最适合这个正在复原的小区，其在未来的发展努力中获得更大的能力。

（版权所有：Emilie Malbec/Architecture et development）

7.5　总结

本章认为学习是至关重要的，但可以采取许多不同的形式。学习技巧也各不相同，包括：

☐能够识别与信息、知识和技能相关的需求；

☐能够设计和管理用于监控输出和性能的正式系统；

☐与他人协作学习的能力；

☐使用远程学习数据来引导学习的能力，尤其是为那些位置远离中心的地区提供面对面的教学活动；

☐能够成为一名反思实践者。

78

关键信息

☐如果规划实践要对更可持续的城市发展形式产生影响，那么创新是必不可少的；

☐学习对创新至关重要；

☐规划和创新不是线性过程，其依靠组织内部和外部的多种信息和想法，对实践的批判性反思对于改进和开发新技能至关重要。

第三部分

展　望

第三部分 展 望

第三部分的内容主要回顾了前文的重点。同时，提出了一些问题。认真采用第二部分列出的各类技巧有何含义？城市规划师和城市管理者是否应当将其制度化？它对于规划行业以及规划教育系统有何种意义？

8

新场所、新规划、新技巧

第一部分所列出的关于城市增长和城市化带来的贫困等如今已成为国际问题。然而，面对这些问题看似难以克服的规模程度，人们的反应往往是妥协和迟钝的。第一部分阐述关于城市化带来的益处和机会，其由于获得人们较少的关注而常常被忽视，即使是直接受益于城市生活方式和在城市工作的人也不例外。

第二部分给出了许多案例，展示了城市发展的问题如何能够变为机遇。它们为城镇和城市的规划和管理者提供了利用城市化过程的可能性与利用资源（尤其是劳动力资源）的方法和见解。同时，描述了在整合公众和组织机构的力量时可以采用的各类有效技巧。许多技巧来源于实践而不是传统的专业培训。

第二部分所展示的案例并非意图展示什么是"最佳实践"，许多的案例同时展示了实践中的失败教训与成功经验，展示了失败与成功的共存情况，也能够积极客观地展现其过程。同时，这也说明，尽管全球的南北贫富差距及其他差距巨大，但是许多关于建设可持续发展社区的通用技巧是相似的。

这些技巧并不一定能够直接被应用于其他情况，每一种技巧的使用都应对当地的现状、资源和文化予以考虑，这是必要且合理的。然而，尽管全球化在不同地区的表现形式各不相同，但其所带来的挑战仍然非常相似。如今，城市给予自然环境极大的压力，贫富之间的差距日益凸显，政府愈加弱势并需要协助，国际网络开启了新机遇，除此之外，社会排斥的问题急需解决。前文中所罗列的经验说明了城市规划与管理需要改变，并且如今已经开始改变，未来还将继续改变。

8.1 改变的场所、改变的技巧、改变的规划

尽管已经有了大致的了解，但即使是比其他职业更加专注于城市分析的规划师，对于当前人居环境和地区中正在发生的量变和质变也仍然需要进一步了解。正是这些改变，促使与本指南案例研究中有贡献的学者及其他人一起寻找新的工作方式，寻找新的政府与社会之间的联系，以及新的技巧。

当前许多所需技巧都是规划过程的基础：收集并分析信息，处理有冲突的需求，创造未来愿景，以及监测和评估等。当然，有些人会认为第二部分的内容并不是关于技巧的，而是对于传统规划技巧的再主张，尽管有时候出现新的设定或新的重点，但是其创新之处实际上来源于不同组织和个人的积极参与和交流。在冲突中谋求积极主动的共识，这是实现更加平等可持续发展的基础条件，也是规划师的规划行为的出发点。

因此，城市规划与城市开发管理，以及城市行政服务是不可分割的。然而，讽刺的是，城市规划常常仅能与土地利用分配及其开发控制产生联系，并且被认为是几乎完全依附于公共部门的。另外，规划的边缘化现象意味着创造人居环境的综合实用的方法也被边缘化了。这些就是改变形成的征兆。城市开发的规划和管理理应包含比土地利用更多的内容。城市开发的参与者同时也在政策制定过程、开发政策和项目的实施管理、公共基础设施和服务的日常管理等方面发挥作用。

城市开发的不同角色原则上取决于城市中可使用的人力资源。在富有的发达国家城市，可预见存在许多相对高学历的专业

人士和技术专家，然而，一些任职于发展中国家城镇中某些公共
部门的管理者，可能并不是规划师，通常也对城镇开发过程中的
一系列问题负责。这不仅是一个跨越规划、管理和行政领域的过
程，还是一个需要从多个不同层级进行运作的过程，例如运作的
过程涉及政策制定者和政治家、捐赠者和外援机构、技术专家和
学者、宗教组织和其他民间组织、社区领导以及当地政治团体、
私人企业以及民间团体，来自包括健康、教育、工会等其他行政
部门的同僚。

因此，城市规划师和管理者（尤其是来自缺乏专家和技术人
员的国家）不仅应当运用第二部分中所提到的各类技巧，还应当
至少对一系列相关学科有所了解，这包括对市政工程和基础设施
的扩建与维护、城市设计和公共土地利用、环境保护与健康、土
地管理和房地产市场、城市社会和社区开发、城市经济和公共收
入管理、国内法律，以及开发控制标准和制度。

这并不是说城市规划师和管理者代替了其他专业领域的从业
人员。更多需要说明的是，在快速城市化和专业人员短缺的情况
下，专业人员必须通晓其他专业领域的知识。过去存在的专业精
神主张将非本专业人员排除在外，并在本专业的知识技巧范畴之
外划定明确的界限。这与当前普遍认知的培养创新思维的方法是
相背离的。专业人员之间需要分享知识和技巧，同时也需要与其
他非专业人员和他们所服务的对象分享。只有不断跨越这些界限
所创造的成果，才能够给予人居环境可持续发展无限的可能。

8.2　下一步计划?

大多数规划师和规划学者居住在富有的国家，远离那些欠发
达国家，而正是这些欠发达国家预计未来 15 年内增长的城市人
口数将占全世界增长的城市人口数的 93%。不仅专业规划师在空
间上分布不均这一问题有待解决，而且全球范围内的城市治理、

城市规划和住区管理方式都有待改革。

这意味着量变（会有更多拥有所需知识和技能的人）和质变（识别并掌握关键技巧）。对于人居环境的有效治理而言，了解当地相关背景知识是有关键意义的，城市治理的内涵也将由当地传统文化予以塑造。然而，通过知识和技巧网络的全球化构建能力而使规划现代化是可行的，在那些城市规划技巧跟不上城市化发展步伐的地区更应如此。

然而能力的构建，不只涉及"开发"各种技巧，尽管这些技巧的确很重要。如果想要通过培训、鼓励多方位尝试，以及搭档合作的方式使已有一定基础的专家高效地工作，那么他们还需要能够予以积极响应并为其提供支持的组织环境，以为他们提供新的知识和技巧。然而，许多规划师服务的当地政府部门的组织形式长期以来不允许其有主观能动性或进行跨部门、跨社会组织的合作。因此，若使未来新的规划和管理方法得以"繁荣"，则还需要当地政府部门的组织结构同步变化。由于政府部门的组织结构的改变常常受限于更高层级的国家制度和法律法规，因此，国家制度和法律法规也需要同步变化。

除了能力构建的三个内容（制度发展、组织发展和人力资源发展）之外，在一些专业教育还没有被现代化、持续的职业发展的机会有限甚至匮乏、专业精神传统存在并排外的地方，其促进提高城市规划与城市治理的关联性和效率的能力也是有限的。正规的教育和专业精神对于本指南想要传授的方法和技巧是至关重要的，但这并不是全部。对专业人员助手的培训、对培训人员的培训和对经验学习的资格认可（在社会中通晓的技术窍门），以及持续的职业发展都是非常重要的。

假如全世界的社区、政府、专家协会，以及高等教育机构能够协作，去利用类似于第二部分中所提到的那些无所不包的、参与性的规划方法，并且保证在那些迫切需要的地方有能够接触和使用这些方法的途径，将实现许多成就。以上假设涉及的文件，在 10 年前，由 171 个成员国在世界城市论坛共同签署，获得了来自《伊斯坦布尔宣言》和《人居议程》的授权实施。

与此同时，有许多更加紧迫和实用的行动急需在不同层面开展，其中的重要内容包括：

□更好更高效地利用互联网传播和构建知识平台，为那些参与创造出无所不包的、参与性的可持续规划治理和减少贫困等课题的专家学者构建经验网络，并促进经验交流。但常常有人指出，在很多情况下，即使是专家学者或者其所工作的机构都没有利用互联网或技术语言技能并由此受益的渠道。然而，这种情况正迅速地被改变，因此，这不能再被用来当作"懒惰"的一种借口。不过，关于如何去宣传合适的网站，并让其更加容易理解、利用和互动，仍然需要更加富有想象力的思考。

□在开发和交付中提供更多的投资，价格合理且易于获取适当规划相关教育和技能培训的远程学习机会。在可能的情况下，此类计划还应提供奖励以授予公认的资格，不仅要提供奖励，还要使其受益人专业合法化，以帮助他们在当地的职业阶梯上取得进步并增加他们提供教育和培训的替代内容的重要性。

□在工作中的培训、为工作开展的培训或在工作中获得的培训所带来的条理清晰且连贯的方法，以及对这类培训的宣传，帮助构建了能够鼓励并支持"反思实践者"的总体行动框架，同时为积极参与管理城市的可持续变化的其他专业从业者提供了机会。类似的培训支持已经逐渐成为国际规划咨询合约内容，以及发展中国家非政府组织的活动的一部分，但是仍然需要进一步支持相关培训机构。另外，远程教学还需要获得更加正式的认可和合法化。

□如今，国际社会的专家学者和组织有了日益增多的交

85

流，同时提出各种倡议，希望从政治层面提升对城市问题的关注度，倡议应当立即从政治承诺和投资方面进行能力构建。许多来自联合国人居环境项目管理理事会的国际专家组织、合作方已经承诺实施。但是，仍然需要更多的专家参与以及更长久的努力。

86   □前文提到的关于人居环境发展的参与性方法影响的成功案例，以及相关信息应鼓励更多的媒体关注并开展积极的宣传。在任何一个政治系统，公众压力对于政治和程序改革的影响能力都是不可小觑的。人们还需要积极进步的案例，并以此说服其领导。然而，现在所能看见的关于城市增长和改变的相关报道和评论都趋于负面、危言耸听和令人绝望。因此，好消息是需要被创造出来的。

以上内容已经在本指南中提及，曾经被创造出来的方法，如今已经被很多人在很多地方使用。然而，如果想要实现"联合国千年发展目标"，在未来的 5 年里，城市与乡村地区人居环境的规划与管理将必须有一场可持续发展战略的大变革。这将不会是一件容易的事，但也是能够实现的。

词汇表

能力建构

对许多人来说，能力建构意味着培养或开发人力资源。当然，这是它的一个非常重要的组成部分。但是，如果让决策者、管理者、专业人员和技术人员充分发挥作用，他们不仅需要能力，而是需要一个良好的、具有支持性的体制和组织。因此，有效的能力建构必须包含以下三个方面。

人力资源发展（HRD）为人们提供认知和技能，以及提供获取信息和知识的通道，以便有效地工作。它包括激励人们通过建设性和有效的方式运作，并树立积极、负责任的态度。良好的人力资源管理提供激励和奖励、持续培训的机会、明确的就业机会和有竞争力的薪酬。为了开发这些人力资源，组织所在地环境必须是动态性的、响应性的。

组织发展是促进和维持组织内集体活动的过程，这与管理的几个方面有关：实际操作和程序；条款和规则；层级分级和工作描述——完成工作所需要的结构和实践。这也与工作关系有关：共同的目标和价值观；团队协作，依存和支持——事情为什么要完成。现在越来越需要灵活弹性、能快速响应的管理方式，而这需要能根植这些管理方式的组织结构，特别是在地方政府内部，要实现这种结构和关系可能会产生重大变化。组织发展还要求在城市规划和管理的不同组织之间建立新的关系，并发挥作用。然而，实现这种组织的变革往往取决于单一组织或组织网络能力范围之外的制度发展。

制度发展包括必须进行的法律和监管变革，以使组织、

90

机构和办事处的各级和各部门能够提高其能力。它涉及对财务管理控制的规定，市政当局的借贷和交易能力等问题；该地方政府与私营企业、社区组织进行合同谈判和建立伙伴关系的能力；中央管制的就业条件、工资和职业结构；土地使用和建筑章程以及其他发展控制措施；允许、促进和鼓励社区负责进行自己的社区和服务的民主立法。这一般需要国家政府的政治和立法权力来实现有效的变革。

沟通技巧

沟通是一种提供和接收信息的过程。因为每个人都在沟通，所以沟通技巧很容易被认为是理所当然的。但是，好和坏的沟通之间的差异会极大地影响计划和项目的成功情况。特别是**倾听技巧**往往被低估了。重要的是倾听社区发言人或其他利益相关者实际在说什么，而不是你认为他们会说什么。肢体语言的理解也可能是"倾听"的一部分。**表达技巧**也有不同的形式。其包括易于让其他人，尤其是非专业人士理解的写作方式。公共演讲的技巧也很重要。互动在沟通过程中很关键，互动比滔滔不绝更能引起注意。这些技能是可以快速学习的。视觉图像可以是强大的交流手段，在语言成为障碍的情况下可能很有用。角色扮演是一种非常有用的方式，可以帮助人们理解不同的经历和观点。有时需要营销技能来实现对项目或理念的支持，以博大的胸怀对待新的可能性。

91

社 区

社区有许多含义，但以本指南的目的来说，它指（低收入）家庭的本地群体，有共同的利益或联系——价值观、资源和需求以及物理空间。规划者通常将居住在特定社区的所有人称为"社区"。然而，大多数城市社区也具有社会多样性，包容不同价值观和愿望，对资源和权力也有不同程度的摄取。因此，在与社区领导打交道时，必须始终注意确保他们代表整个社区，并且没有被边缘化的群体被排除在外或被剥削。

民间社会组织、非政府组织及社区组织

民间社会组织（CSOs）都是组织性、机构性的团体，但不是政府机构或部门，抑或是营利性私营商业、工业部门组成的组织。民间社会组织包含注册的慈善机构、工会、信仰组织、基金会、社区团体、妇女组织、专业协会、自助团体、社会运动、商业协会、联盟和倡导团体。这是一个宽泛的术语，包括非政府组织和社区组织。

非政府组织（NGOs）也是一个普遍的通用术语。然而近年来已经被认定为非营利组织，并支持特定的社会因素，如人权、环境、性别平等、遗产保护、防治艾滋病。非政府组织可大致被归类为非政府发展组织（NGDOs），它们通常在较富裕的发达国家筹集资金，以支持与其有关的促进发展中国家发展的工作。

社区组织（CBOs）不同于非政府组织，因为它们的主要目标涉及特定社区福利和发展的各个方面。它们不考究成因，操作的地点也不在地理范围上确定。城市的社区是很少完全同质的，而且 CBOs 通常不代表特定地区的所有家庭，这可能导致冲突或潜在的边缘化。

权力转移和权力下放

权力转移是将政策和主要决策权力和特权下放到较低级别的管制机关——从中央政府到地方政府；从市政委员会到区级或居委会。它代表了一个权力的变更，许多手握权力的人不愿意这么做，也就是将失败转移出去，抑或是将更具令人垂涎的

成功转移出去。

权力下放是将责任从中央机构转移到较低级别的管理和行政部门的过程。它并不一定意味着政策转移；政策实施的责任可以在不转移权力的情况下下放。其他词语如**代表团**、分散职权、分权经常被政府用来形容权力转移和权力下放的形式，并在辅助性原则下，让其他层次的管理分担责任。

多元化和包容性

社会多样性认可对构成城市社会的多个不同群体以及社区的社会关系，特别是它引起了社会对排斥的关注，或者那些以某种方式被剥夺了发展利益的人，或者是他们受到歧视，因为他们是"看不见的"或没有"声音"的。"城市贫民"是一个同质群体，并且从单一的战略中受益的情况很少，而这样扶贫的政策往往有不足之处。不同的群体，其阶级、性别、年龄、种族、宗教信仰、身心条件和心智能力都有不同的需求和感知，基于都市社会不同的属性，所有这些都需要被听闻和回应。多样性面临的最大的挑战是不同的性别需求和男女角色。

社会融合不仅仅是关于人们在城市的计划、维护和管理方面有发言权的问题。当人们可以交涉所有机构的时候，就可以实现真正的包容——参与当地的政治决策、加入银行系统、了解就业市场、商榷子女的教育问题等。另见"平等"。

赋权和授予

赋权和扶持是权力转移和权力下放过程的核心。

赋权意味着授权机构或组织（或个人）确定政策和做出决策。它涉及包容，并将决策过程之外的人带入其中。

授予意味着提供资源（专业、技术、资金等）和知识的获取能力，以确保机构或组织（或个人）拥有可行并且高效负责任的能力和技术。政府资助的低收入住房的扶持战略，例如场地和服务计划，需要确定特殊受益群体需要获得哪些支持（自己建造住房或监督他们的承包商或工匠），以使他们能够有效并高效地对自身负责。

参　与

　　参与意味着进入与他人对话的审议过程，积极寻求和倾听他们的观点，交流想法、信息和意见。这种对话可能是建立相互信任和理解所必需的平台，以便赋权和授予成为可能。参与应具有包容性，并认识到过去的实践和排斥现象可能会遗留必须克服的障碍，并实现相互理解。参与可以是认清利益相关者利益的一种方式，也是明辨冲突和建立共识的一种方式。正式的公众参与计划很容易被"常客"——表达清晰、组织良好的机构所主导，这些机构有和公共机构合作的技能，以确保公众的意见得到倾听。若活动涉及其他群体，则这种参与过程可能重新带来社会排斥和机会不均等。

公平与平等

　　公平是在分配发展的利益和成本以及为所有人提供机会方面保持客观和"正当"的质量。它和**平等**不一样。同等地对待所有人并不是公平的，因为人们有不同的需求，起步时得到的机会也不一样。对多样性的理解会促进公平，因为它承认贫困、残疾、年龄、性别等，影响聚居区内的需求和机会。公平和平等需要这样的理解，这还需要一些技能，例如要能够进行平等影响评估，以分析政策或流程对特定人群的影响，并探讨是否满足其需求，或是否有意想不到的带有歧视性的影响和结果。在不平等根深蒂固和/或需要克服过往的歧视的情况下，要采取积极行动，例如制定目标和调动资源以缩小差距。

性别需求和角色

在聚居区规划和管理方面，性别问题涉及理解和回应不同的需求以及男女的社会角色和关系。两者都在社会中扮演多重角色。在大多数社会中，女性往往有主要并显著的生育角色，参与生产和社区管理，她们也可能参与政治活动，但通常只作为普通成员。在大多数社会中，男性往往更多地参与生产或政治活动，男性高级管理者或领导比女性多，并且他们通常分步进行这些活动。相比之下，女性通常必须同时扮演这些角色，平衡时间。一般来说，女性和男性获得工作所需的资源，并得以控制这些资源的程度是不一样的。

将性别观点纳入主流是确保在发展的所有阶段，女性和男性平等地获得和掌控资源、取得利益和决策的过程。

性别规划是指对性别问题敏感的规划过程，并考虑到不同性别角色、性别关系以及男女性别需求在发展方案或项目中的影响，以可持续的方式实现社会性别主流化。它涉及选择适当的方法来满足女性和男性的实际性别需求，并确立和挑战不公平的资源、福利的分配。

一般技能

这些技能并非任何单一专业或学科所独有的。相反，它们是许多不同职业和非专业人士所需要的技能。它们包括沟通、管理、谈判等。

治　理

治理是制定决策和监督实施的过程。好的治理是决策过程，承认、尊重和所有潜在的参与者和将受到所做出的决策影响的利益相关者。因此，它具有包容性和参与性，涉及并汇集中央政府（特别是服务提供机构——卫生、教育机构等）、地方政府（政治决策者和技术、行政官员）、民间社会（非政府组织、信仰组织）的行动者、基础组织、社区团体以及相关的私营企业部门和协会。好的治理是坚定的辅助性基础原则，并使参与者和利益相关者参与到正确的"层面"。在许多情况下，实现良好治理需要建立新的程序和机构，以及改变（下放）责任和报告的结构。

人居议程

1996 年通过的《人居议程》是一项全球行动计划，重点是确保在世界城市化过程中为所有人提供适当住房，致力于寻找和可持续管理人类住区的方法。

人力资源发展

95

参见"能力建构"。

非正式经济部门

非正式经济部门包括所有未经正式注册、监管、征税、许可的贸易、商业和制造业企业，其中包括房屋出租机构。这些非正式经济部门通常是中小型的，且资本不足，生产率低，与正式经济部门相比，工资等较少，健康和安全条件不稳定，通常没有任何形式的工作保障。这些条件使非正式企业在正式部门中具有竞争优势，并且它们通常在提供下游产品和服务方面进行合作。不太明智的扶植非正式企业的尝试往往会导致一定程度的"正规化"，从而增加其成本并使其停业。

创　新

创新被视为区域间知识经济竞争力的主要影响因素。这是因为创新可以创造新产品或服务，或改善产品质量，降低生产成本。创新可以是技术性的，也可以是行政性的。**行政创新**涉及管理，只与基本工作流程间接相关。一个例子可能是引入目标和绩效衡量标准。创新可以是产品创新，即创造新产品或新服务，以满足客户或公司外部其他人的需求，或者是流程创新。**流程创新**是用新方式生产产品或提供服务的，例如，提出新的咨询架构以向公众咨询有关地方政府的政策。因此，创新不仅是商业问题，也可能是公共部门和志愿组织工作的推动因素。创新可以是渐进式（小变化）的或激进式（根本变化）的。创新不是一个从理念、开发到实施的直线过程。它更可能是大量互动（特别是跨专业或组织）的结果、反馈和用户的参与。它需要有实验和学习的意愿，包括从错误中吸取教训。

制度发展

参见"能力建构"。

由欧洲区域发展基金资助的旨在促进欧盟内部区域合作的共同体倡议（INTERREG）

这是欧盟的一个计划，它为参与区域合作的地方当局等合作伙伴提供配套资金。INTERREG Ⅲ 从 2000 年至 2006 年运作，旨在通过跨境和跨国的区域合作来促进欧洲的均衡发展，增强经济和社会凝聚力。INTERREG Ⅲ A 有关于相邻地区之间的跨境合作。INTERREG Ⅲ B 支持国家、地区和地方当局之间的合作。INTERREG Ⅲ C 关注区域间合作，通过大规模的信息交流和共享网络来提高区域发展政策的有效性。

领　导

人们常常认为，只有年龄和地位才能成就领导力。

事实上，**领导力**需要技能，而这些技能不是由工作经验自动带来的。沟通技巧是至关重要的。领导者要能对未来的可能性持有一种视野，并以其他人能够理解和联系的方式呈现这一愿景。领导力还涉及对团队其他成员进行评估，并确保每个人都知道对他们的期望，他们期望得到什么样的支持和奖励，以及他们的贡献是否得到重视。领导者必须能够激发信心，保有信誉，作为榜样。他们也将成为领头羊和代表，且必须一直注意这一点。领导也意味着责任的承担，特别是在不得不采取不受欢迎的决定时。

网络学习

现在人们认为网络非常重要。网络的本质是让成员访问网络的综合资源，并且不一定需要在物理上靠近才能执行操作。电信部门的出现是网络发展的一个原因，但不是唯一的原因。网络学习是人们共同学习，并能够学习的手段，能够实现交流经验、丰富知识和理解资料。通过网络，人们可以互相教授。就像在交通网络的交换那样，不同网络连接在一起的点是焦点，因此在网络学习中，相关的网络的连接提供了丰富的提出新见解和关联的可能性。但是，在规划和城市发展方面，往往缺乏网络学习，而那些已有的（例如专业机构或非政府组织）并不一定是相互联系的和全球网络化的。如果迅速推进和传播技能，那么就需要有意识地培养和支持网络。

终身学习

世界和工作场所都在变化。这些变化意味着在职业生涯开始时学到的知识和技能可能会过时。学习应该是一个贯穿整个职业生涯的过程。它体现在工作中，也体现在课堂上。终身学习的人有可能成为一名优秀的**反思实践者**，能够适应变化，通过自我意识培养新的知识和技能。对于专业人士来说，终身学习可能是专业持续发展，保持专业能力的要求的一部分。这应该包括确定学习需求，并计划如何满足这些需求，然后自我监控实施。积极参与民间社会组织和非政府组织的非专业人员可能通过这种经历获得了终身学习的机会。这种经验价值的系统被称为**既有经验学习鉴定**，并且比通过传统全日制高等教育机构能让更多的人负担得起，让更多的人获得专业资格。**远程学习**，无论是通过学习印刷材料还是网络材料，都是在职人员，如非政府组织人员或社工在工作同时进行终身学习的另一种方式。

生　计

　　生计是一个家庭维持其生存和发展的可以利用的所有资产和资源。收入和储蓄是重要的组成部分，但社会和福利机构的服务、免费教育和医疗保健等资源也是如此，所有的这些都有助于减贫。另一个生计的基本来源是社会资本，是半正式社会网络的力量，如族系、紧密联系的部落及种族支持团体，基于信仰的忠诚和睦邻关系的会员，可以在个人或社区在发生危机时提供**社会安全网络**。

管理技能

　　管理技能是资源管理所涉及的技能，包括时间管理（例如，确保满足最后期限的要求，确保有足够的时间来完成工作等）、财务管理（例如管理预算，以便有效地使用资金）和人力管理（包括培训和完成重要任务的表现）。这些技能

97

不仅是高级官员的责任；每个人都是管理者，管理方面的技能是通用的。

主流化

通常可以通过短期试点项目来进行发明创造活动，也可将其视为组织某个特定部门的责任，例如，机会均等问题可以是本地指标内"平等单位"的关键问题。这是普遍的做法。实现这一目标，需要高级管理人员的明确认可、正式声明，并提供培训，以便每个人都了解创新为什么重要以及它们会怎样影响工作。与任何步骤变更一样，监测是必要的，要确定新的问题如何转化为主流实践。另见"性别需求和角色"。

调 解

调解是解决纠纷的一种手段。调解通常被视为以昂贵法律程序来解决冲突的替代方案。在调解中，中立的人或机构帮助各方谈判并达成协议。调解员应该被争议的所有当事方接受，并且要有一些技能。技能包括组织能力，例如保证调解过程的正常进行，以及为争议各方创造舒适的讨论环境；理解和分析技能，例如了解隐含的目的，以及处理复杂的信息而使其易于理解。还有重要的一点是处理人际关系的技巧，包括处理困难的情况和困难人员的能力，"设身处地"应对意外情况并在其中激发信心。

联合国千年发展目标

联合国千年发展目标是 2000 年 9 月联合国成员一致通过的。有八个最终目标：（1）消除极端贫穷和饥饿；（2）普及小学教育；（3）促进两性平等并赋予妇女权力；（4）降低儿童死亡率；（5）改善产妇保健；（6）对抗艾滋病毒以及其他疾病；（7）确保环境的可持续能力；（8）全球合作促进发展。每个目标都有一系列可量化的目标和指标。实际上，目标都与人居环境的规划和管理有关，但较重要的是目标 10 和 11，"将无法持续获得安全饮用水资源的人口比例减少一半"并"至2020 年为止，使至少 1 亿贫民窟居民的生活有重大的改善"。两个目标都是目标 7 的支撑，涉及环境的可持续性。

监 测

监测定期收集、分析和评估信息，用于衡量绩效、进展或变化的过程。监测需要选择适当的指标，是能够合理反映预期结果的手段，应是可靠的且可以理解的，并且可以轻松被收集。对指标选择和解释非常重要，特别是对于监测组织机构的绩效而言，结果可能会引致实践的调整，以便在绩效指标上带来良好的评分，这可能与提供服务不同。

谈 判

谈判是通过信息交换、讨价还价、妥协来达成共识的过程。当两个或多个政党有共同利益但也有利益冲突时就会进行谈判；如果它们之间没有共同利益，那么就不可能实现妥协。谈判可能让中立的人或机构作为调解人，但也可能没有这种协助。谈判技巧可能包括理解双方分歧，确定可接受的解决方案，有效沟通和促进妥协。 99

组织发展

参见"能力建构"。

参与和伙伴关系

参与是人们对发展计划和项目的规划、管理的参与。参与的范围很广，从敷衍的咨询或"使用"人力作为无偿劳动力，以便廉价地传递项目（参与作为一种手段），到促使人们、社区领导者和他们的组织参与设计和管理发展计划，直到他们对程序的控制达到某种程度（参与作为目的）。然而，即使在这种情况下，"参与者"也是由于其他人（政府）倡议而做这些事情。

伙伴关系意味着共同的责任、共同的风险和共同的利益——合作伙伴具有平等地位，尽管其可能并且通常是不同的角色，有不同的利益。在这种情况下，政府和社区肩并肩，都在平等的基础上"处于决策地位"。然而，"伙伴关系"在当前的发展术语中占据了一席之地，并且被广泛和不被区分地用于涵盖各种情况，从转包到最古怪的政治压迫。

规划援助

规划援助是一个系统，规划者自愿提供免费的专业建议或培训，以协助无力支付此类服务的个人或团体。规划援助也许能够成为促进理解和培养技能的手段，从而有助于授予和赋权。为了做出有效的规划援助，我们需要专业技能和支持，例如宣传服务，让客户与具有相应知识和技能的志愿者接触，并评估服务的反响，以观察谁是受益者。

贫　穷

绝对贫困是个人和家庭没有足够的财力和生活资源来满足其基本需求，定义的参考标准可以是世界银行粗略但有效的"每日一美元"，这基于最低卡路里的消耗量。

相对贫困更加复杂，因为它根据社会生活的标准来改变最低限度的需求，并以文化的标准去确认贫困。贫困程度不仅仅是低水平的资金来源，脆弱、边缘化、缺乏社会安全网络和社会资本都能导致贫困，也会导致长期贫困人口无法脱贫。同样，城市服务（教育、保健和福利设施）的难以获得、环境和社会退化（地方性疾病、犯罪和暴力）可能使城市中的贫困继续并加重。

扶贫方案旨在指出贫困产生的社会影响的严重程度，但不一定能够从根本上消除贫困。

减贫或减贫战略与创造收入和创造财富（金融上和社会上）有关，这使城市贫民和他们的孩子能够摆脱贫困。减贫的有效性和可持续性与城市经济增长和发展密不可分。

减贫战略文件

减贫战略文件中被归类为重债穷国计划的国家为援助对象，并得到世界银行和国际货币基金组织支持。其列出了这些国家的宏观经济数据、结构和社会政策，还有促进经济增长和减少贫困的政策和计划，以及相关的外部融资需求。减贫战略文件是由政府通过民间社会及其主要国际发展伙伴参与编写的。由于大多数重债穷国的人口仍然是农村人口，减贫战略文件往往集中于宏观的农村和区域减贫战略，而忽视了当前的贫困城市化。其回避城市贫困人口与农村贫困人口之间的差距，城市贫困人口居住在付现经济社会中，却只获得数额小的非资金援助。农村贫困人口中的大多数能获得基本自给农业产品和传统社会网络的支持。

流程重整

改变事情的完成方式和常规程序的运作需要基于分析、实验和监管，有针对性和有计划的方法。**流程图**要准备好，并明确其中的主要步骤（例如，处理一个规划应用程序）和各种子过程。其应有助于确定过程中遇到的问题，并提出补救措施。以提高技能为目的，流程图可以确定每个阶段所需的技能以及所需技能的级别、审核任务所需的技能。可以通过这种方式重新设计、规划、培训和开发人力资源。

再　生

再生意味着停止和扭转因为私人和公共的开发投资过程引起的城市或农村地区的衰退。再生是为了恢复居民、业主、企业和投资者对该地区的信心。因此，城市更新需要我们掌握和了解房地产市场和市场信号的技能，建立愿景和实施可以持久改善经济、社会、物质和环境条件的行动。成功的再生通常涉及综合性的行动，例如建立社会包容机制而不仅仅开发房地产。

使用权保障

土地和财产的使用权保障对可持续的城市发展过程都是绝对必要的。如果一个家庭或企业对其拥有的和在使用的土地或财产的权利有疑问，其就不会在意它，也不会对它进行投资，更不会对它所在的社区进行投资。使用权保障并不一定意味着个人永久拥有土地的所有权。有许多形式的集体所有权或合作所有权和租赁权是安全的、被社会接受的，保障了不被强制驱逐。正式的地契不是唯一的保障聚居区安全的形式。大型违章聚居区单是数量就可以确保居住者不被驱逐。在许多城市，正规和非正规的住房和土地市场并排运作。但是，法律承认的所有权契约允许其持有人在正规资本市场上将其作为抵押品借款，这样通常会增加房产的市场价值。

场所和服务

场所和服务是一种为低收入家庭建造住房，提供新服务土地的方法。根据辅助性原则，大多数个体家庭无法拼攒土地，也无法获得基础的设施和服务，但他们能够购置自己的房屋，因此，政府获得土地，将其细分为地块，并提供基础设施（水、污水处理设施等）和服务（学校、诊所等提供的服务）。受益家庭能够得到地块，用于建造房屋，以满足他们的需求，但同时这也是他们能够承担的。地块规模和服务水平差异大多取决于当地标准和受益人的负担能力。例如，在印度，为了使地块能被承担得起，地块面积小于 25 平方米。原先的服务包括提供公共供水点和多达 50 户家庭共用的厕所，建造大量完善的核心房屋，受益人可再自行扩建。

贫民区升级

升级涉及逐步改善聚居区的物质、社会和经济环境。这是为了现有居民的利益，将干扰或迁徙程度降到最低。它涉及调整现有布局，以改善基础设施，而非重大的重建（或清除贫民区）。改善基础设施网络（涉及供水、排水、卫生、道路/人行道、街道照明和垃圾处理等），这通常是贫民区改造项目的主要组成部分。但是有效升级的第一个原则是必须给予家庭土地和财产所有权。升级必须是一个参与式过程，以满足社区领导者和个体家庭的需求，确保其可持续性。否则基础设施的改善将不被利用或被破坏，人们会对当地政府感到失望，在升级过程中的投资将被浪费。为了确保有形基础设施的可持续性（维护、管理和持续发展），重要的是民事工程的投资与社区发展计划相辅相成，以帮助增强当地的社会凝聚力和促进组织，以及地方经济发展。

102

空间规划

空间规划是一个在欧洲被特别使用的术语，用于确定一种规划形式，旨在分析和干预在其位置方面的分布。它关注的是地方之间的联系。空间规划旨在操纵地方之间的关系，协调不同空间尺度之间的活动，以促进经济发展，同时增强和促进**地区凝聚力**和可持续发展。空间规划的前提是对运输、住房、水、管理等部门（特别是公共部门）投资的有意识的整合，这样会比不经协调过的部门和计划更有效。

利益相关者

利益相关者是受益于某政策或领域的个人和组织。其可能受到结果的影响，或者参与其中，在这种情况下，其通常被称为"参与者"。治理涉及政府机构与相关人士以了解其需要和愿望，并与其合作。这意味着与和客户合作相比，所需要的技能和态度相当不同。一个顾客雇用一个专业人士是因为这个专业人士有专业知识，可以满足顾客的需求。但和利益相关者工作，就要认可利益相关者在决策中发挥积极作用，并且其是自身利益的最佳判断者。因此，与利益相关者合作的专业人员需要了解多样性，并具备参与、谈判和调解方面的技能。

改变步骤

改变步骤意味着重大变革，需要新的愿景和方法。这不是一个稳定缓慢的趋势变化，相反，在重要的方面需要与过去的规范告别。

辅助性

辅助性是承认并将责任分配给"有效的最基层"决策的原则。有效的最基层是在决策中能够吸引最多用户或受益人的层级。过高或过低的层级做出的决策不太可能有效。例

103

如，有关住宅的决定只能在家庭层面做出；关于社区的问题，例如公共开放空间的使用和位置，要在社区层面；与水或电力有关的市政层面的网络，与干线基础设施有关的事宜，只有在区域或国家层面才能被有效地确定。辅助性原则巩固良好治理的各个方面。

可持续发展

可持续性之中的五个方面影响着聚居区、城镇和城市的发展，在评估任何可持续发展时都应考虑所有因素。①

经济可持续性涉及让地方/区域有效利用资源以实现社区长期利益，不损害或消耗其所依赖的自然资源基础，不增加城市生态足迹。这意味着要考虑到生产周期的全部影响。

社会可持续性是指公平、包容和适足性，以维护对社区生计的自然、物质和经济资本的公平权利，特别要重视贫困和长期以来被边缘化的群体。文化适足性是指尊重文化遗产的实践和文化多样性的程度。

生态可持续性涉及城市生产和消费对城市地区的完整度和健全度以及全球承载能力的影响。这需要国家和国家之间的长远考虑，对环境资源和服务的力度以及发挥其作用的要求。

实质可持续性涉及干预的能力，以提高所有城市居民的建筑物和城市基础设施的宜居性，而不破坏或扰乱城市地区的环境。它还关注涉及支持当地经济的建筑环境效率。

政治可持续性涉及治理系统的质量，指导前四个方面中不同参与者之间的关系和行动。它意味着当地民间社会在所有决策领域的民主化和参与度。

104

---

① Allen, A., You, N., Sustainable Urbanisation: Building the Green and Brown Agendas, DPU, London, 2012, Box 1.2, p.6.

地区凝聚力

地区凝聚力旨在促进整个领土的均衡发展，涉及一个政治单位。领土可以是跨国的，如欧盟。地区凝聚力意味着无论居住情况如何，还是工作地点如何，公民都可以获得无差别的重要经济和公共服务。增强区域竞争力、进行区域合作以及更好地整合不同部门和不同政府规模的政策（例如通过空间规划）被视为增强领土凝聚力的方法。**地区影响评估**用于识别一个政策将对不同地区产生的影响，连接省会城市的快速列车在跨国层面增强了**地区凝聚力**，但在一国国内降低了领土凝聚力，除非二级交通网络的质量也可以升级。通过地域合作计划，可以解决共同关注的跨国问题，提高地区的团结度。

参考来源

谢菲尔德大学的景观术语表

The University of Sheffleld Landscape Glossary English-Chinese：
Definitions

　　特别感谢董虹韵、祁荣慧、何可、陈天然、胡健、孙雨萌及杨婧协助翻译。

图书在版编目（CIP）数据

让城市规划真正起作用：方法和技术指南／（英）
克利夫·黑格（Cliff Hague）等著；吴尧，林怡君译
. -- 北京：社会科学文献出版社，2019.6
（城市译丛）
书名原文：Making Planning Work：a guide to
approaches and skills
ISBN 978 - 7 - 5201 - 4498 - 8

Ⅰ.①让… Ⅱ.①克… ②吴… ③林… Ⅲ.①城市规
划 - 研究 Ⅳ.①TU984

中国版本图书馆 CIP 数据核字（2019）第 047470 号

· 城市译丛 ·

让城市规划真正起作用：方法和技术指南

著　　者／〔英〕克利夫·黑格（Cliff Hague）
　　　　　〔英〕帕特里克·韦克利（Patrick Wakely）
　　　　　〔英〕朱莉·克雷斯平（Julie Crespin）
　　　　　〔英〕克里斯·亚斯科（Chris Jasko）
译　　者／吴　尧　林怡君

出 版 人／谢寿光
责任编辑／张　萍
文稿编辑／王春梅

出　　版／社会科学文献出版社·当代世界出版分社（010）59367004
　　　　　地址：北京市北三环中路甲 29 号院华龙大厦　邮编：100029
　　　　　网址：www.ssap.com.cn
发　　行／市场营销中心（010）59367081　59367083
印　　装／三河市龙林印务有限公司

规　　格／开本：787mm × 1092mm　1/16
　　　　　印张：9.75　字数：127 千字
版　　次／2019 年 6 月第 1 版　2019 年 6 月第 1 次印刷
书　　号／ISBN 978 - 7 - 5201 - 4498 - 8
著作权合同
登 记 号／图字 01 - 2019 - 2611 号
定　　价／58.00 元

本书如有印装质量问题，请与读者服务中心（010 - 59367028）联系